U0173007

中国旗袍文化史

从地域服饰到全球文化符号

刘 瑜著

上海人民美术出版社

图书在版编目（CIP）数据

中国旗袍文化史 : 从地域服饰到全球文化符号 / 刘瑜著. -- 上海 : 上海人民美术出版社, 2020.11
ISBN 978-7-5586-1772-0

Ⅰ. ①中… Ⅱ. ①刘… Ⅲ. ①旗袍－服饰文化－研究－中国 Ⅳ. ①TS941.717

中国版本图书馆CIP数据核字(2020)第168693号

中国旗袍文化史
——从地域服饰到全球文化符号

作　　者：刘　瑜
责任编辑：孙　青　张乃雍
技术编辑：史　湧
排版制作：朱庆荧
封面设计：译出传播　孙吉明　张慧剑
出版发行：上海人民美術出版社
　　　　　地址：上海长乐路672弄33号
　　　　　邮编：200040　电话：021-54044520
印　　刷：上海印刷（集团）有限公司
开　　本：787×1092　1/16　16印张
版　　次：2021年1月第1版
印　　次：2021年1月第1次
书　　号：ISBN 978-7-5586-1772-0
定　　价：168.00元

Foreword
前言

旗袍，作为中国灿烂辉煌的传统服饰的代表之一，虽然我们对它的定义和产生的时间至今还存有诸多争论，但它仍然是中国悠久的服饰文化中最绚烂的现象和形式之一。旗袍不仅拥有独特的形式美感和装饰美感，更是传统中国多民族和多元文化不断交流、融合的例证与产物。从时间的延续性来看，中国旗袍的历史演变是中国传统文化不断传承的体现；从空间的流转来看，中国旗袍的历史演变是中国传统文化与不同外来文化不断融合的体现。影响中国旗袍历史演变的因素包括中国东北地区的满族、蒙古族等游牧民族文化，中原地区的封建汉族文化和处于萌芽时期的民主文化，沿海地区的商业文化，近代开放的西方文化以及混血的殖民文化，等等。正是在这种多民族、多地区的多元文化大背景下，不断继承、发展、完善、创新的中国旗袍才如此绚丽灿烂、经久不衰。在演变历史中，中国旗袍同时存在着时间和空间位置的变迁。其辉煌和流行之地从北方的旷野到北京，再到上海，进而南下至中国香港、中国台湾，最终不仅回归大陆本土，还遍及世界各个时尚之地。

法国学者丹纳在《艺术哲学》第一篇中以“艺术品的本质及其产生”为题，以橘树种子抽芽、成长、开花、结果等一系列的生长过程为例，试图论证艺术品的产生与气候的关系。书中多次以橘树为例，指出艺术品产生的必要条件——“严格说来，环境与气候并未产生橘树。我们先有种子，全部的生命力都在种子里头，也只在种子里头。但以上描写的客观形势对橘树的生长与繁殖是必要的；没有客观形势，就没有植物”。作为中国传统服饰艺术品的重要代表之一的女性旗袍，亦是如此。不论是早期东北白山黑水游牧民族的实用袍服、皇城里精致奢华的贵族华服、十里洋场妩媚时髦的花样旗袍，还是维多利亚港湾性感的超短旗袍和宝岛上孤独的怀旧旗袍，甚至是今天全球化背景下多姿多彩而又有些匪夷所思的各式所谓旗袍，这些生长于各种自然气候和精神气候下的旗袍种子，最终发芽、成长、开花、结果。也正是由于其各有各的生长气候，最终的果实也不尽相同。随着时间的流转，中国旗袍的演变和发展，便在这些不同的气候之下，从一座城到了另一座城，从一种模样变成了另一种模样，虽然它们的种子是相同的。

目录

CONTENTS

目录
CONTENTS

目录
CONTENTS

Essentials
概述

一、“旗袍”一词的指代问题

《辞海》将“旗袍”一词定义为：“旗袍原是清满洲旗人妇女所穿的一种服装，辛亥革命后，汉族妇女也普遍采用。经过不断改进，一般式样为直领，右开大襟，紧腰身，衣长至膝下，两侧开衩并有长、短袖之分。”

但是，就目前专家学者们的观点来看，“旗袍”一词存在多种释义。这些不同的观点大致可以划分为两类。第一类观点以清华大学美术学院袁杰英教授为代表，其在所著《中国旗袍》一书中写道：“满族又被称为‘八旗’或‘旗人’，所着的服装也就统称‘旗装’，满语旗袍称为‘衣介’……其形式世代相传，从西周时期的麻布窄形筒装，延传其后，同时也受元代蒙古族妇女长装的影响，一直是以简约的直身为基本样式，均称‘旗袍’。”第二类观点以东华大学包铭新教授为代表，其在所著《中国旗袍》以及《近代中国女装实录》中将“旗袍”和“旗女之袍”分别进行了定义。清代女性旗人所穿之袍被称作“旗女之袍”——“清代女性旗人所穿之袍，发展上可分为两个阶段，前期较为瘦长紧窄，袖口亦小，装饰简单，适应其重骑射的生活方式。后期由于生活安定，旗女之袍变得宽肥，装饰繁复”。而“旗袍”仅用于指称民国时期的实物，他将“旗袍”定义为“具有中国民族特色的一件套女服，由清代旗人之袍装演变而成，但也受古代其他袍服的影响，流行于近代，材料常选用传统丝织物，缝制有镶滚绣等传统工艺，式样繁多，领、袖、襟、衣长和开衩高低都经常变化”。

可以看出，两种观点的主要分歧在于“旗袍”指代的时间跨度和空间跨度。在此，我们不妨将“旗袍”一词的指代分为狭义和广义两种：从狭义上而言，旗袍是指由清代旗人之袍装演变而成，流行于近代及以后的女性袍服；而从广义上来讲，旗袍指清满洲旗人所穿的袍服，后不断改进，并为汉人所广泛接受。为了更深入地研究旗袍文化与城市文化变迁之间的关系，本书所研究之对象基于旗袍的广义指代。

二、中国旗袍的发展与变迁

从旗袍的发展变迁来看，其经历了满人袍服（入关前）、清代旗装袍、民国旗袍、中国港台地区旗袍、当代旗袍等几个阶段。

第一阶段：满人袍服（入关前）

满族是一个多源民族，它直接以明末居住于东北长白山、松花江以及黑龙江流域的女真族居民为主体，再加上从周边草原迁移而来的蒙古族居民和从中原迁移过来的汉族居民

图 1　不少学者以为“旗袍”一词应专指民国及以后流行的袍服。图为民国报刊《北洋画报》（1932 年第 820 期）上刊登的“上海夏日女子新装”——妙龄女郎身穿一袭满身花纹的紧身长款旗袍，此时的旗袍与清代旗人的袍服确实有很大的差异。

这两大群体共同构成。满人的袍服是满人及其先民在长期的生产和生存中，同自然环境不断抗争，并将本民族文化习俗与其他民族文化习俗不断交融的产物。直到入关以前，满人袍服的基本形制为：圆领，马蹄袖，窄袖身，束腰，捻襟，上带扣襻，下有开气。在东北寒冷山林中生活的满人，以骑射狩猎为生，以英勇善战著称，独特的袍服正是适应了其独特的生活方式。这种完全不同于汉人的服饰，源于满人及其先人一脉相承的生活习俗和生存环境，具有相当深厚的历史和文化渊源。

第二阶段：清代旗装袍

满人袍服在入关前，均没有男女差异，穿用范围也极其广泛。入关后，满人袍服从男女共用的长袍分离出来以后，不断发展、演变。清代恪守本民族的服饰传统，在女性服饰上坚持上下连体的袍服式样，严禁满族妇女穿上衣下裙的汉式衣衫。但由于满族与汉文化的长期交融，满族妇女的旗袍在样式上也有一定程度的变化与改进。清初旗装袍多为圆领（无领），右衽，带扣襻，两腋部位收缩，下摆宽大，两面或者四面开衩，窄袖，袖端呈马蹄状，有时颈间围一条白色领巾。至清代中期，除了圆领之外又有了狭窄的立领，袍袖也较以前的宽大，这个时候下摆垂至地面，女袍外加坎肩，并开始注重镶滚和绣饰，常常在大襟或对襟的下端及左右腋下盘有如意形镶滚。清末时期，西方生活方式渐渐渗入，服饰也有尚西从简之势。北京作为清王朝都城，相对于直接受西方风尚影响的东南沿海开埠城市而言，变化相对小一些，但仍然存在变化。尤其是服饰的规定制度相对来说没有以前严格，如礼服简化、袖口去掉马蹄式等。另一方面，清末奢侈之风大起，旗装袍之边饰尤其繁复多样，并形成一种时尚。

第三阶段：民国旗袍

1911 年爆发的辛亥革命推翻了近三百年的清王朝。1912 年，当时的北洋政府仿照西方各国服饰，颁布了服制条例来规定男女礼服式样。从此，中国自上而下地开始接受西式服装与穿着习惯，人们也似乎一夜之间抛弃了满人的袍服。然而，在 20 世纪 20 年代，旗袍重新在中国的另外一个时尚中心城市——上海登上舞台，并作为女性的服饰广为流行。不过民国旗袍与满人的旗装袍服有一定的形式差异。民国时期流行的旗袍由宽变窄，并成为汉人女性（也包括满人女性）极其喜爱的独特服装款式。最早出现的民国旗袍，据说是由上海的一批女学生所穿，她们在旗袍原有的基础上，用蓝布制作成宽松的款式，衣长至脚面，与清末的旗袍相仿，但抛弃了繁琐的装饰。

20 世纪 20 年代旗袍初行之时，旗袍样式与清末时期的相比变化不大，其特点是腰身

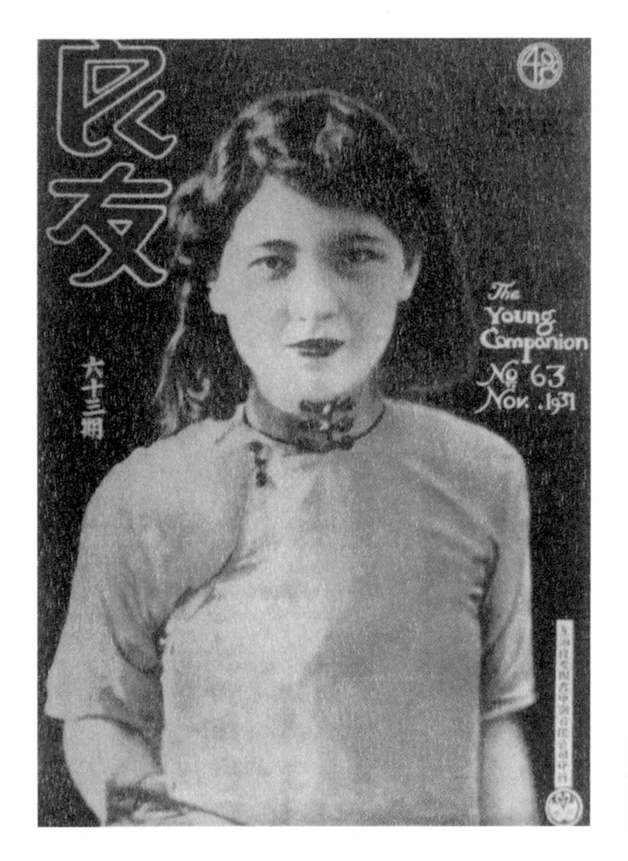

图2　1931年第63期《良友》封面。在20世纪30年代初期，旗袍剪裁技术仍然比较传统。由于前片没有胸省，侧面腰省亦不明显，因此整体造型比较平直。

图3　1934年第92期《良友》封面。此时旗袍款式更加突出身体曲线，肩部和腋下更加服帖。

宽松，袖口宽大，长度较长。而后又经历了马甲旗袍、倒大袖旗袍等不同的流行款式时期，旗袍的式样越发合体，而长度渐短。1929 年 4 月，民国政府制定“服装条例”，长身旗袍成为“国服”。20 世纪 30 年代是旗袍的全盛时期，此时不论地域，也不分年龄大小，全民皆着旗袍。从技术上来讲，此时的旗袍除了肩袖部分仍大多采用连身平直结构外，身片处理则大量采用西式造型方法，出现了前后身片的省道、长袖旗袍的腋下分割（开刀）等处理余缺的结构，使旗袍更加称身合体，这也正迎合了 20 世纪 30 年代女性开放的服饰衣着观念。到 1939 年左右，由于胸省和肩省的运用，装袖和肩缝的出现，旗袍变得更加合体，曲线也更加性感，这也是近代中国女性服饰形象的一次重要变化。修长而收腰的旗袍配上烫发、透明丝袜、高跟皮鞋，还有手表和皮包，构成了那个年代最时尚的装扮。在时局动荡的 20 世纪 40 年代，由于物质的匮乏，旗袍的样式也简洁实用，长度在小腿中部和膝盖之间，袖子也逐渐由短袖变成无袖，形成了战争年代旗袍轻便简洁的鲜明风格。抗战胜利以后，拉链、垫肩、暗纽等配件开始大量使用，旗袍也越来越呈现出便捷、简单的现代感。“全民穿旗袍”的年代一直延续到 20 世纪 50 年代初期。20 世纪 50 年代以后，中国都市女性的生活方式发生了很大的变革，旗袍也逐渐退出了大陆女性的日常生活舞台。

第四阶段：中国港台地区旗袍

1949 年以后，随着战后以上海为代表的内地移民南迁入港，海派旗袍在中国香港地区得到了广泛的流行，并促使香港旗袍在 20 世纪五六十年代进入黄金时期。从形式上来讲，香港旗袍是海派旗袍的延续，但两者的差异仍然存在。其腰身紧身合体，三围曲线更明显，而肩部线条较圆，臀部和胸部造型有些夸张，尤其是腰部收得十分紧。从侧面看三围之间的过渡凹凸明显，而不似传统旗袍那样流畅和自然。臀部造型则有一定的夸张之势，形成了细腰、丰臀的夸张效果。此时旗袍的长度一般到膝盖以下 4 ~ 5 厘米左右，领子则比较高且硬挺。这种高领旗袍很好地展示了东方女性纤长的颈部形态以及典雅的气质。从 20 世纪 50 年代末期到 60 年代中期，香港的殖民地文化特征也在旗袍上得以显现，性感的超短旗袍成为香港旗袍的典型之作。这种旗袍从外形轮廓上来讲有两大特点：首先是旗袍的长度短而开衩高，下摆刚刚到膝盖位置，甚至可以更短，如西方的超短裙一般；其次是旗袍的三围差夸张，在这种旗袍的装扮之下，中国女性的腰部空前的细，而胸部和臀部则是从未有过的圆润和丰满。

香港旗袍从 20 世纪 60 年代后期到 70 年代开始走下坡路，数量上逐渐减少。从款式和风格上来看，中国传统风格有所回归，比如长度一般很长，甚至快拖到脚面上，而侧面的开衩还是一如既往的高。整体廓形方面，也不似 20 世纪五六十年代那样紧身，腰身的收拢程度和臀部的包裹程度比较适中，旗袍的袖子也相对宽松。立领的高度较低，与颈部的贴合度不十分紧密，似乎有些回归清末民初的潮流。

在20世纪五六十年代，旗袍之风在中国台湾地区也一直延续着。中国台湾旗袍的流行和穿着与香港不同，其最主要的差异在于：香港在20世纪二三十年代便开始流行旗袍，20世纪40年代更是普遍盛行，海派旗袍对其影响较早；而中国台湾地区在1894年中日甲午战争爆发的第二年便沦为日本殖民地，一直到1945年中国台湾地区才光复，此前在中国台湾地区虽然有旗袍，但其并不是女性的主流服饰。1949年以后，大量涌入的外省人将旗袍风潮带到了中国台湾，外省人在中国台湾地区继续过做旗袍、穿旗袍、比旗袍的生活。旗袍亦变成了外省人怀乡的一种寄托。这种现象一直持续到20世纪70年代初。

第五阶段：当代旗袍

1978年以后，中国大陆的变化可谓翻天覆地，民众开始大胆地打扮自己。一方面他们可以向西方或东方（比如日本、中国香港地区）的最新潮流看齐；而另一方面，曾经一度被看作是旧社会生活代表的东西又重新时髦起来，比如旗袍。曾经几乎销声匿迹的旗袍，在中国大陆又重获新生。同时旗袍的复苏还得到来自官方的大力提倡，在20世纪80年代中国服装业紧跟国际潮流的时候，官方提出了“时装民族化”的倡议。在此倡议之下，许多国内设计师开始使用旗袍经典元素进行时装设计，比如立领、斜襟、滚边等。一时间，在各种新出版的时装和生活类杂志中，旗袍开始大量而频繁地出现，好像它马上就要成为女性的日常穿着。然而这种旗袍热仅仅出现于媒体之中，现实生活中的女性对旗袍持欣赏的态度，却并没有想到要把旗袍穿在自己的身上。

旗袍文化的真正全面复苏是在20世纪90年代的中后期，以1997年为标志性时间。这一年，法国老牌DIOR推出了新秀约翰·加利亚诺主持设计的灵感来源于中国旗袍的超级旗袍秀，旗袍从来没有像这样受到世人的关注。而西方人发现旗袍的惊喜，也引领着越来越多的西方品牌和设计师们开始关注旗袍的设计。同样热衷于旗袍的还有艺术家们，中国电影人对旗袍的热爱甚至超过了服装设计师，他们制作出的关于旗袍的电影层出不穷。这大约是由于旗袍之于中国、中国文化的关系实在太紧密了，本只是一种女性服饰的旗袍在人们的眼中成了中国符号的代言，只要旗袍一出现，中国味道就一下子浓烈起来。

图 4　20 世纪 60 年代好莱坞电影《苏丝黄的世界》中善良的中国香港旗袍小姐苏丝黄——旗袍紧裹着身体，长度超短，开衩超高，头发很长很黑，头上戴着宽宽的发带。

图 5　20 世纪 50 年代的中国香港旗袍西化现象更加明显，一系列西式服装的技术处理，形成了旗袍细腰、丰臀的夸张外观形象。

表 1 中国旗袍发展变迁的各阶段及其特点

中国旗袍发展变迁的各阶段	本文中出现的其他表述方式	时间	地点	主要穿着人群	款式特点
满人袍服 （入关前）		1644 年以前	中国 东北地区	仅限于本民族所穿用，男、女款式几无差异	束腰、窄袖、圆领 整体廓形宽大
清代 旗装袍	京派旗袍	1644—1919 年（其中 1912—1919 年为传统旗袍与民国旗袍的过渡时期）	北京为主要流行区域	主要为满人所穿用，男、女款式有差异	款式宽大，较臃肿 无收腰、收省等技术处理
民国旗袍	海派旗袍	1920—1949 年	上海 乃至全国	女子典型服饰 全民普遍穿着	由于一些西式裁剪方式的引入，款式紧身合体，流行变迁快速
港台旗袍	中国香港旗袍 中国台湾旗袍	1949—1977 年	中国香港、中国台湾地区	女子典型服饰之一，前期穿着普遍，后期逐渐被西式服装替代	其从本质上讲，仍属于民国旗袍，只是穿着地域和人群变化，另外出现超短等款式上的细节变化
当代旗袍		1977 年以后	全球各地	一般不作为日常穿着，而作为礼服、艺术服饰穿着	多样化，各种改良款式层出不穷

第一部分

Chapter-01

东北篇（1644 年以前）

源头——山林中的粗犷与实用

满族发祥于东北的长白山地区，即吉林省东部与朝鲜交界的山地，位于吉林省东南部地区，东经 127° 40’—128° 16’、北纬 41° 35’—42° 25’之间的地带。此地海拔 1000 米左右，气候寒冷，是东北山地地势最高的部分，同时还是图们江、鸭绿江、松花江的发源地。此地夏季白岩裸露，冬季白雪皑皑，火山喷发出来的灰白色玻璃质浮石堆积在山顶上，再加上这里每年积雪长达九个多月，远远望去，一片银白，故称之为长白山。长白山这一名字来源于满语，在满语和清代文献中更习惯称呼长白山为白山，称黑龙江为黑水。在漫长的岁月里，满人先祖生活于中国东北的“白山黑水”间，生息繁衍，丰富的河流和苍郁的森林为满族及其先民提供了独特的生活环境，也决定了其不同于中原地区汉民族的独特的游牧生活方式。满族之名称出现于明代末年，但作为一个民族，满族却并非此时才出现，而是经历了 3000 多年的历史变迁，从先秦的肃慎族发展到明末的满族。至 1635 年，清太宗（皇太极）改族名为“满洲”，1636 年改国号“后金”为“清”，“满洲”和“清”的名称才正式启用。

Unit-01

第一章 袍服与山林中的满人先祖

一、满人及其先祖

满族的形成经历了漫长的岁月，从先秦时（公元前16世纪—公元前3世纪）的“肃慎”，到汉晋的“挹娄”，到南北朝的“勿吉”，再到隋唐的“靺鞨”，一直到辽、宋、元、明的女真。其中先秦时的“肃慎”可追溯到3000多年前，而我们今天所说的“满”及“满人”则源于明代末年（17世纪初期）。满人及其先祖均以狩猎为生，居住于我国东北长白山地区。北方旷野中独特的自然环境和满人及其先祖独特的生活方式，必然造就了其不同于中原地区的服饰形制和服饰文化。

先秦时期的肃慎人是我国东北地区最早见于记载的居民之一，其先民可以上溯到西周时期。满人先祖在东北地区寒冷、空旷的环境下长期穴居，由于其所生活的环境，满人先祖又被称为“林中人”。汉晋时期，“肃慎”已改名为“挹娄”，此时的满族先祖以狩猎和捕鱼为主要的生产方式，居住于中原地带的边缘，隶属汉王朝，与中原社会有一定的交流。《后汉书·东夷传》中记载其“好养豕，食其肉，衣其皮。冬以豕膏涂身，厚数分，以御风寒。夏则裸袒，以尺布蔽其前后”。南北朝、隋唐时，“挹娄”先改名为“勿吉”，又改名为“靺鞨”。勿吉时期的社会经济有了较大的发展，但仍处于以狩猎为主的野蛮时期。而靺鞨是农业和手工业相结合的自然经济占统治地位的社会。唐代时期，靺鞨民族在社会各方面得到了全面的发展，并受到中原先进文化艺术的影响，其在农业、丝织手工业等方面的技术水平也都得到了提高。

辽女真时期，社会已经由原始的初级阶段进入高级阶段，女真先人已经有了农业，到辽代农业经济更为发达。此时的女真人已从地下穴居转为在地上定居，以狩猎、捕鱼为生。公元1115年，金太祖完颜阿骨打建立金国。金代（1115—1234年）的统治者在政治、经济、文化服饰等方面加大了改革的力度，充分汲取了汉文化的精华，使金代女真族与汉族之间的差距越来越小。因此，金代是满族先民政治、经济、文化突飞猛进的时代。金灭亡后，元代统治者对女真实行了统治。元代东北地区的女真人普遍有了发达的农业，而手工业主要在织布、造船、冶矿等方面有较大发展。女真在和汉族、蒙古族混居交往的过程中，受到外族的影响，服饰也随之变化而缓慢地向前发展。明女真和明代在政治、经济等方面的关系十分密切。经济上的互相依赖，促进了明代对东北各族的统一，而政治上的统一又进一步为各族、各地区间的经济交流创造了条件。明万历十七年（1589年），女真首领清太祖努尔哈赤统一了分散在东北地区的女真各部，创建军权合一的社会组织“八旗”。天命元年（1616年），清太祖称“大英明汗”，沿用“金”为国号，史称“后金”。1635年（天聪九年），改“女真”为“满洲”，我们今天所谓的“满”——满人和满族，便源于此。

二、满人袍服的发展变迁

1. 辽以前的袍服

根据出土的文物来看，肃慎时期处在距今3000多年前的新石器时代。由于肃慎人居住在遥远、寒冷的东北地区，他们着装的目的就是为了取暖；而其半地穴式的居住方式，也使肃慎人的服饰以方便、适用为主。到了春秋战国时期，其主要特点是出现了袍服，其主要款式为左衽、窄袖（便于狩猎和活动）、交领，领、袖、下摆处以沿边装饰（主要是毛边）。

汉晋时期满族先人为挹娄人，他们以狩猎和捕鱼为生，居住方式为半地穴式。挹娄人生活的环境和气候以及住宅的模式决定了服装的款式要简单、方便，易于行动。此时的袍服是一种有里有面的长衣，窄袖、交领。肃慎时期因活动的需要，袍一般较短；到了挹娄时期，袍的长度达到脚面。

勿吉时期的服饰基本上承袭了先人肃慎和挹娄人的服饰特点，但有其进步和发展的一面。勿吉时期，以家庭手工为主的纺织业已广泛开展起来。妇女的服装面料已大量采用布料。男子的服装面料仍采用传统的皮裘，以猪皮和狗皮为主。受狩猎经济和环境的影响，勿吉时期的服装样式方便、简洁，具有美观和实用的双重效能。此时的袍服比挹娄时期更复杂，左衽，交领，窄袖，衣长到膝下或到脚，衣身窄瘦，腰束大带。

靺鞨之前的满族先人一直生活在地下，而到了靺鞨时期，其居住方式有所变化，由地下变成半地下半地表的居住方式，这就为服饰款式的变化提供了较为宽阔的发展空间。靺鞨时期服装面料已经由最初的毛皮、麻布，发展到了毛、柞蚕丝。男子服饰形象的主要特征是袍长及膝，衣袖窄瘦，腰间系有革带或蹀躞带。女子服饰形象的主要特征为头戴高顶毡帽，身穿折领窄袖长袍，腰束皮带或蹀躞带，下身穿着窄口裤子，脚穿绣花鞋或半高的软靴。

2. 辽及以后的袍服

辽女真时期，生活方式有了重大转变——由穴居转为在地上定居，为服饰的发展创造了良好的条件。辽女真的服饰承袭前代的习俗，仍采用毛皮、麻布及少量的丝织品作为服

图1　元代吹笛、击节板陶俑。元女真和明女真人的服饰主要沿袭金代服饰，图中右边的元代女真人穿着金代男性的代表性服饰。“带”，又称“吐鹘”，是一种长及小腿的袍服，腰间束带，带上镶嵌玉、金、骨等装饰。

饰的主要原材料。男子典型服饰为袍衫，款式短而左衽，圆领，四开气，窄袖紧身，款式类似于中原的袍。女子典型服饰为袍衫，款式为交领，左衽，窄袖，衣长至膝。

金代由满族先人辽代女真部落之完颜部所建立。金代时期的服饰，既保留了先人服饰的特色，同时也吸收了辽、契丹民族和汉族服饰的特点。在黑龙江阿城发现的亚沟摩崖石刻像中，一男一女如夫妻并坐，专家考证其中的男性即为金太祖完颜阿骨打，女性则为金世宗的祖母宣献皇后仆散氏。石刻男像为武士装扮，头戴盔，身着圆领窄袖长袍，下襟卷起，肩着披风，足蹬高筒靴。女像头戴平帽，着左衽长袍，盘腿而坐，两手合袖。此石刻向我们展示了金代男女贵族的袍服装扮形象。

元代女真人实行自给自足的自然经济，农业和手工业相当发达。元女真服饰仍采用传统的皮毛作为衣料，夏季用麻布等。款式基本承袭了金代的式样，袍袄为交领，衣长至膝下，束大带，肩部有云肩装饰。

明代女真商品经济的发展，带动了手工业的形成与发展。而其与中原的往来，又大大促进了女真服饰的发展。此时的女真服饰既保留了先人服饰的特点，同时也大量汲取了汉人服饰的特点，绢、布、缎均成为主要面料。男女主要服饰包括大袖衫、褙子、长袄、长裙和袍。其中袍为窄袖，衣长至膝。袍的领子为盘领状，因此也称为“盘领衣”。

入关以前的满人和其祖先一样，生活在东北山林之中。其袍服的发展主要受到自身经济、生产、生活方式的影响，居住的地理位置、环境、气候和居住方式的影响，以及与中原汉族人民的交流和其他主要少数民族的影响。这种男女老少一年四季皆穿的袍服逐步发展为有着圆领、右衽、窄袖、宽下摆特点的服饰。其款式非常有利于穿着的便利与舒适，同时便于男子骑马、狩猎，女子外出采集等生产生活和社会活动。同时从外观风格上来看，其也适合于体格高大、健壮的满人。满人袍服因此成为代表满族民族精神及审美价值观的服装，并形成了有别于汉族及其他民族的独特的袍服文化。

Unit-02

第二章 满人袍服的基本形制

在东北寒冷山林中生活的满人，以骑射狩猎为生，以英勇善战著称，他们独特的袍服正是适应了其独特的生活方式。因此满人袍服的基本形制为圆领，马蹄袖，袖身窄小，束腰，捻襟，上带扣襻，下有开气。这种完全不同于汉人的服饰，源于满人及其先人一脉相承的生活习俗和生存环境，具有相当深的历史和文化渊源。

一、满人袍服的特点

1. 满人袍服的左衽

满人袍服的门襟部位为左衽，即以右前衣片压盖左边衣片。究其原因，则与满人常年骑射有关。一般骑射姿势为左手执弓，右手搭箭，然后瞄准开弓。若服装为右衽，则显然妨碍右边搭箭的右手，不利于发箭。从实用主义出发的满人袍服采用的是方便的左衽。

2. 满人袍服的开衩

从大的结构方面来看，满人袍服与汉人袍服的最大区别在于是否开气（即开衩）。一般而言，汉人的袍服比较宽大，侧面不开衩。满人的袍服则分两种，一种在室内穿着，为了保暖等原因，也不开衩，而外出时所穿的袍服则开数个衩。有的在衣身两侧开衩，共两衩，还有的在衣身两侧及前后均分别开衩，共有四衩。入关前的满人袍服多数开衩，这与满人的生活方式关系密切。开衩长袍既可以保暖，又方便骑马、射箭、奔跑、劳作等野外生活。开衩高度一般至膝盖处，以便骑马时袍衣不裹大腿，方便自如。开衩数量的多少视具体情况而定，两衩较四衩保暖性好，而四衩又较两衩活动性好。

3. 满人袍服的缺襟

满人的袍服男女通用，并且分为常袍和行袍两种形式。其中行袍较短，并将右前襟裁去一块，约 1 尺（33.33 厘米）左右，平时穿着时可以用纽扣将其连在里襟上，骑马时则直接将此块拿去，以求方便。这种特殊的袍服，被称为“缺襟袍”。不难想象，这种独特的缺襟设计也是为了骑射之时，下肢（尤其是右肢）不受羁绊束缚而特别设计制作的。

4. 满人袍服的马蹄袖

“马蹄袖”即为“箭袖”，满语称“哇哈”，是在平常袖子的前端再缝接一块，如今天男式衬衣的袖克夫。这块形状如马蹄的袖头，可以翻折向上，也可以向下折平。向上翻折时，马蹄袖如一般袖口，不会妨碍手臂的正常行动；而折下时，马蹄袖则可覆盖于手背上，有保暖和保护的作用，尤其适合于寒冷的东北地区的山林生活以及狩猎、骑射和作战。这是兼有手套作用的特殊袖口，使用起来更加方便，折下即“戴上手套”，折上即“脱去手套”，真正脱戴方便，还永远不会遗失。

5. 满人袍服的收腰束带

入关前的袍服与清代袍服的差异还是颇为明显的。从总的外观廓形来看，入关前的袍服要窄小一些，呈窄腰窄袖之形，而相比于汉人袍服的阔袍身、宽袖子，也方便、轻快许多。除了比较窄的腰身以外，此时期满人袍服的腰间一般束带。这样野外之时可以防寒保暖，而骑射狩猎劳作之时则可更加便捷。另外的作用，则是在外出打猎之时，可以便于携带些简单的食物和生活用品。

二、满人袍服的整体服饰形象及搭配

入关以前的满人袍服无不显现出满人及其先民的山林生活的特殊性，以及长期野外生活中所积累的实用为上的特点。此时的整体服饰保暖厚实，同时兼顾运动性和便捷性，而在具体的装饰和细节美感上则并不十分重视，体现了一种基于生存的服饰实用哲学。这种实用为上的服饰观念不仅体现于袍服本身，也体现在与袍服搭配的其他服饰品种之上。

1. 鞋子

乌皮靴是满人及其先民常穿的鞋子类型，不过乌皮靴在其他少数民族地区穿用也十分普遍。这里尤其值得一提的是另外两种满人特别实用的鞋子，即“寸子”鞋和“靰鞡”鞋（又称乌拉鞋）。

在寒冷的东北地区，穿着袍服的女性还喜欢穿“寸子”鞋。这是一种鞋底高 3 ~ 5 寸（10 ~ 16.67 厘米），以木为底，形似马蹄或花盆的鞋子，满语称为“寸子”。关于此鞋的起源有多种说法：一种说法认为，过去满族妇女经常上山采集野果、蘑菇等，为防虫蛇叮咬，便在鞋底绑缚木块，后来发展成了高底鞋。另外一种说法则源于一个传说故事，据

图2　努尔哈赤是清朝的第一位皇帝，也是入关前的两位皇帝之一。此图为女真首领清太祖努尔哈赤的画像。画中袍服门襟部位为右衽，即以左前衣片压盖右边衣片。袖为马蹄袖，袖口呈折下之式。

说满族的先民为了渡过一片泥塘，夺回被敌人占领的城池，他们从白鹤的细长之腿获得灵感，在鞋上绑了高高的树杈子，终于取得了胜利。为了不忘那些苦难的日子，纪念高脚木鞋的功劳，妇女们便穿上了这种鞋并世代相传。无论说法如何，我们可以肯定的是，这种奇特的“寸子”高底鞋是极为实用的，并与满人先祖的生活环境有关，以木为底的高底鞋子可以起到防水、防潮、防寒的作用。

更有代表性的则是“靰鞡”鞋，这种鞋男女均可穿用，选用东北三宝（人参、貂皮、乌拉草）之一的乌拉草制作而成，极其适用于北方寒冷的冬季时节和室外长途跋涉。“靰鞡”鞋一般用整块的皮制成，如猪、牛、鹿皮等，鞋面与鞋底连成一体，穿时在鞋内垫以靰粒草包裹而成，并绑至脚踝，这种鞋子非常保暖而实用。

2. 褂子和坎肩

与满人袍服搭配的服饰一般为褂子。褂子比袍短，为圆领、对襟、四边开衩，衣身和袖子均较短。因为这种短褂最初是骑射时穿的，既便于骑马，又能抵御风寒，故名“马褂儿”。人们将褂子套在袍外穿，常用毛皮制作，以保暖防寒。中原汉人也穿褂子，但一般以布为料，以毛皮为衣是满人及其先祖的传统习俗。入关前满人褂子之所以用毛皮，当然也是因为其生活环境和生存习俗。对于善于狩猎的满人而言，毛皮是其易得之物，而且保暖性好。还有一种褂子，去掉了两袖，被称为“坎肩”。“坎肩”也被穿在袍服的外面，除了可以更加保暖防寒外，这种没有袖子的坎肩还十分利于肩部和手臂的运动。满人在骑马、射箭之时，尤其需要双臂的方便自如。

Unit-03

第三章 满人袍服的形成原因

满族是一个多源民族，它以明末居住于东北长白山、松花江以及黑龙江流域的女真族居民为主体，再加上从周边草原迁移而来的蒙古族居民和从中原迁移过来的汉族居民这两大群体共同构成。而满人的袍服则是满人及其先民在长期的生产和生存中，同自然环境不断抗争，并将本民族文化习俗与其他民族文化习俗不断交融而得的产物。

一、根植于本民族传统服饰文化

满族历史悠久，受天然环境之赐，经历了肃慎、挹娄、勿吉、靺鞨、女真等多个阶段。在满族数千年的发展过程中，其形成了重骑射、尚武功的风俗，也创造了独特的服饰文化。满族人的穿衣打扮就自然地反映出其地处北方寒冷地带，以骑射为生的民族特点。其服饰无论从结构和造型上来看，都与处于中原地区的汉族服饰有很大差别。生活于山林之间的满族人无论男女老少、贫富贵贱，上衣多为长袍，下身为裤装，其中袍服具有斜衽、窄袖、箭袖、开衩等特点。

服饰是一定社会、一定时代的产物，人们自然地从上一代那里继承了传统文化，又一定会根据自己的经验和需要对传统的服饰文化加以改造，注入新的内容，同时抛下那些过时的部分。满人袍服是在继承女真族及其先祖服饰的基础之上发展起来的，从服饰的色彩、面料的使用、款式的造型等方面均承袭前人，并不断发展变化而成。比如春秋战国时期的袍服主要款式为左衽、窄袖（便于狩猎和活动）、交领，并在领、袖、下摆处以毛边装饰；勿吉时期的袍服为左衽、交领、窄袖，衣长到膝下或到脚，衣身窄瘦，腰束大带；靺鞨时期的袍服为圆领、左衽、窄袖，衣长至膝下或及足；辽女真时期的男子袍服为圆领，短而左衽，四开气，窄袖紧身；元女真袍服为交领，衣长至膝下，腰束大带，肩部有云肩装饰；明女真时期的袍服为窄袖，衣长至膝，领子为盘领状。这些款式、细节的延续和发展，亦反映出满族本身的生产生活方式，以及社会政治、经济和文化等的发展。

二、吸收其他各民族服饰文化

在历史的进程中，随着各民族的发展、民族间经济文化交流的增多，民族融合因素的增

图3　清早期朝廷重臣多尔衮画像。图中袍身四开气，门襟部位为右衽，袖为马蹄袖，腰间还扎有束带，另外衣领及衣袖口均有毛边装饰。

加，各民族服饰之间也在不断地相互影响、借鉴，兼容并蓄，形成了“你中有我，我中有你”的一体化特征。满人袍服在其发展过程中，也必然地体现出这种特性。

首先，自周、秦以来，满族先人始终和中原保持着联系，同时汉族势力向东北发展，常与满族接触，于是汉族文化传入满族之中，对满族服饰的发展起到重要的作用。满人袍服吸收了汉族袍服的基本形式，其发源可追溯到春秋战国时期汉人的深衣。深衣上下分裁，效果相当于把上衣下裳连成一体。另外，辽女真时期男子的袍衫为短而左衽，圆领，四开气，窄袖紧身，款式与当时中原地区极为相似。

其次，满族及其先民属于游牧民族，生活于东北地区，在数千年的历史发展中与同处此地区的其他民族交往密切，比如契丹、蒙古族等。他们在生活习惯、风俗、服饰等方面有着相互的联系并互为影响，同时彼此在密切的交往中又相互借鉴和交融。这些客观条件使其在着装形式上比较接近，比如典型服饰均为上下连体的长袍服。流传于这些少数民族地区或游牧民族的袍服，一般都较为紧窄合体，以利于骑射或其他激烈活动。这种服饰多采用窄袖，袍身比较合体，其中又以满族与蒙古族的服饰最为相近。由于满族与蒙古族所处地理位置接壤，必然使其服饰习俗相互影响和交融。蒙古族男女均身着宽大的袍服，男女袍服几乎无异，区别主要在于色彩。而后金时期满蒙通婚十分常见，因此也有“满蒙不分家”的说法。入关前的满人袍服无论男女皆为宽大、无领、马蹄袖式样，同蒙古族袍服几乎一致。

第二部分

Chapter-02

北京篇（1644—1919 年）

入关后——皇城里的精致与奢华

繁复精美的宫中袍服（1644—1911 年）

西化萌芽时的简便袍服（1912—1919 年）

满人袍服的形成与发展

北京地处山地与平原的过渡地带，山地约占62%，平原约占38%。平原地区三面环山，各山脊大致可连成平均海拔为100米左右的弧形天然屏障，形成山前山后气候的天然分界线。纵观其地形，依山襟海，形势雄伟。其气候为典型的暖温带半湿润大陆性季风气候，夏季炎热多雨，冬季寒冷干燥，春、秋短促。北京的建成可追溯到3000多年前，在历史上曾为五代都城，最初见于记载的名字为“蓟”。公元前1045年，北京成为蓟、燕等诸侯国的都城；自公元前221年秦始皇统一中国以来，其一直是中国北方重镇和地方中心；自938年以来，又先后成为辽陪都、金中都、元大都、明清国都。1644年4月22日，李自成率领的农民军攻陷北京，明崇祯皇帝自杀，明代驻辽东总兵吴三桂与李自成的农民军激战于山海关。吴三桂以“财帛”“割地”为条件向清廷求援，多尔衮率清军入关参战，致使农民军败退山、陕，清军则直抵北京。爱新觉罗·福临（即顺治）6岁于同年10月1日在北京登皇帝位，清帝国入关，20余年内一统中国。

春秋战国时期，燕国就在北京地区建立都城。若按统一后的都城经历，自元代始，明代、清代的都城都建立在北京，其间共有34位皇帝在此发号施令统治全国，使得北京成为一座充满帝王气象的悠悠古都，“京派”文化也自元代建都起悄悄萌生。如果将“海派”文化称为海洋文化，那么“京派”文化则应称为内陆文化。从经济发展来看，与上海所在长江下游地区相比较，北京所在华北地区商品经济的发展相对落后，但是由于北京的政治地位，靠着政治结构上中央集权的势力，清代北京仍然是一个极为富裕、舒适的城市。

同时处于内陆地区的都城北京，由于受地理位置等因素的影响，并不利于西洋文化的引入。而作为数朝帝国之都的北京城的中上流社会以官宦和政客为主，受中国几千年传统文化、礼教的束缚，以及对自己政权的维护，其必然会以各种方式阻碍人们对外来文化的吸收，从而使得京派文化具有沿袭传统并极力维护传统的特点。

Unit-04

第四章 繁复精美的宫中袍服（1644—1911 年）

清代袍服的产生，与满族形成的历史及清入关前后所处的社会背景有着十分重要的联系。努尔哈赤和皇太极时期，制定了一系列的服饰制度。如努尔哈赤于天命六年（1621 年）七月制定官员补子：“诸贝勒服四爪蟒缎补服，都堂、总兵官、副将服麒麟补服，参将、游击服狮子补服，备御、千总服绣彪补服。”1623 年 6 月，他又制定了较为详细的官民服饰制度，将服饰分成了官服和平民服装两个等级。皇太极时期也对服饰制度作了进一步的补充和完善，天聪六年（1632 年，明崇祯五年）二月更定了衣冠制度，以后又制定了各种有针对性的多种服制，完善和发展了努尔哈赤时期的衣冠制度，将衣冠制度进一步细化，并把汉族传统服饰的等级观念吸收进来。正是在两种文化传统的融合之中，有着独特韵味的清代袍服诞生了。

满族入关之前，由于长期从事狩猎骑射，满人穿紧身窄袖的长袍、马褂以适应这种生活方式。入关后的满人仍然保持着这一传统服饰特色。据《清史稿·舆服志》记载，清军入主中原后，清太宗皇太极于崇德二年（1637 年）谕诸王、贝勒曰：“我国家以骑射为业，今若轻循汉人之俗，不亲弓矣……服制者，立国之经。嗣后凡出师、田猎，许服便服，其余悉令遵照国初定制，仍服朝衣。并欲使后世子孙勿轻弃祖制。”太宗皇帝在这里不仅指出了穿戴满族衣冠的重要性，同时，还指出宽衣大袖的汉族服装不利于骑射，认为金代就是因为改祖宗的衣冠、废弃武功才导致灭亡。清代袍服，在形式上保留了紧身窄袖的民族特点，从而与其骑射的经济生活相适应。而其装饰工艺上积极吸收各种汉族手段，比如沿袭了自有虞氏以来的传统典章制度，并且大量采用汉人服饰中的刺绣等装饰手法来丰富袍服的视觉美感，使清代袍服呈现出别具一格的精美和奢华。

一、基本形制及类型

清代入关前的满人袍服没有男女差异，穿用范围也极其广泛。而入关后，满人袍服逐渐从男女共用的长袍中分离出来，并不断发展演变。

1. 基本形制及变迁

清代恪守本民族的服饰传统，严禁满族妇女穿上衣下裙的汉式衣衫，但满、汉文化的不断交融也促使旗装袍服在一定程度上有所变化与改进。清代初期，旗装袍多为圆领或无领，右衽，两腋部位收缩，下摆宽大，开有两衩或四衩，袖子窄小，袖端呈马蹄状，有时颈间配围条白色领巾。至清代中期，开始有了立领款式，袖子也较以前宽大，下摆垂至地面。同时女袍外加坎肩，并注重镶滚和绣饰，常常在大襟或对襟的下端及左右腋下以如意形镶滚装饰。清末时期，服饰的规定制度相对没有以前严格，如礼服简化，袖口去掉马蹄式。

清初的男装官用袍服宽肥，上窄下阔呈三角状、无领、马蹄箭袖，下摆开衩，便于端坐和骑射。箭袖平时折起，外出时放下可遮盖手背御寒防冷。当王公大臣入朝廷觐见皇帝时，要将马蹄袖折下，行三拜九叩之大礼。从款式上来看，官用、民用式样基本相同，只在用料、选色和饰物上表现了等级区别。清代中后期由于礼服简化，袖口去掉马蹄式，无论宫廷内还是民间，人们所着长袍均为宽大形式。贵族袍服重视装饰点缀，纹样十分精细华美，富丽堂皇。

2. 基本类型及特点

清代满人袍服分为民袍和冠服袍两类，民袍指供日常穿的袍服，而冠服袍包括朝袍、吉服袍、行袍等。

（1）男子旗装袍

■ 民袍：清初时，普通男子的袍比较长，顺治末缩短至膝，不久又长至脚踝。从款式上看，在清中后期流行宽松式，衣身和袖子皆十分宽阔。清晚期由于受西方服装的影响，款式也变得越来越窄小。文武百官日常穿的袍服被称为“常服袍”，款式与普通袍服相同，一般为圆领，右衽大襟，窄袖有马蹄袖端，开四个衩。

■ 冠服袍：冠服制度是封建社会权力等级的象征，封建社会通过服饰穿着表现贵贱有等、衣服有别。清代的冠服袍包括朝袍、吉服袍、行袍等。其中朝袍是一种礼服，为皇帝、皇子、亲王等权贵人士在重要场合中所穿。其基本款式是上衣、下裳相连的长袍，通身绣 34 条金龙，两袖各绣金龙一，披领绣金龙二，另配有箭袖和披领。朝袍有皮、棉、纱多种质地以适应不同的季节，颜色有明黄、红、蓝和月白（浅蓝）四种颜色以用于不同的场合。吉服袍包括龙袍和蟒袍，皇帝的龙袍奢华而讲究，款式为圆领，右大襟，马蹄袖，开四衩、有扣襻。龙袍以明黄色为主，有金龙九条，列十二章，下摆有水脚。穿龙袍时，必须戴吉服冠，束吉服带及挂朝珠。“蟒袍”又称“花衣”，因袍上绣有蟒纹而得名。徐珂《清稗类钞·服饰类》中记载有“蟒袍，一名花衣，明制也”。清代的蟒袍源于明代，以袍的颜色、

图1　清代宫廷画家郎世宁（1688—1766）所绘《射猎图》，纸本设色。此画作表现了清代满人骁勇善战的射猎形象，其中人物所穿的即为满族男子袍服。

图2　清孝庄文皇后常服图。清初期女装袍服风格实用朴素，整体廓形呈现上紧下阔的形式，且侧面无开衩，通身几乎无装饰细节。

图 3　清中期女装袍服。故宫藏道光时人们所绘的《喜溢秋庭图》（局部）。此图描绘的是身着宝蓝色便服的道光皇帝与后妃、子女在御苑内嬉戏休闲，共享天伦之乐的情景。其中的后妃身着清代袍服，袍身宽大，袖子宽阔，袖口改马蹄形为平直造型，并带有白色挽袖。

图 4 《乾隆朝服像》，清，佚名，绢本设色，纵 220 厘米，横 183 厘米，北京故宫博物院藏。图中乾隆皇帝穿着明黄色朝服。

图5　清代赭石缎地五彩绣吉服袍，东华大学服装及艺术设计学院中国服饰博物馆藏。此袍服为圆领大襟，宽身马蹄袖，全身共有正龙八条，行龙七条，下摆处绣有海水江崖图案。

蟒数和装饰不同来划分等级，即各品官员也有严格的图案、色彩和装饰上的规定。“行袍”又名“缺襟袍”，是文武官员均可穿用的袍服。基本款式为右衽大襟，窄袖有马蹄袖端，开四衩。右面的衣襟短 1 尺，比常服袍缩短，以便于骑马，故称为“缺襟袍”。不骑马时，将右襟所缺少的部分以另幅用三个纽扣扣拴，即将所缺部分补缀上。

（2）女子旗装袍

▪ 民袍：衬衣为旗装袍中的一种，盛行于清中晚期，是妇女的一般日常便服。清代女式衬衣为圆领，右衽，捻襟，直身，平袖，右侧开大衩。其外可加穿紧身（背心）。衬衣在领托、袖口、衣领至腋下相交处及侧摆、下摆都镶滚不同色彩、工艺和质地的边饰。还有一种民袍，被称为“氅衣”，流行于道光朝之后，属于长便装，穿在衬衣之外。氅衣与衬衣的区别主要在于氅衣左右两边开衩，而衬衣只是在一边开衩。其款式特征为圆领，右衽，捻襟，直身，平袖，左右的开衩高至腋下，袍长至掩足。袖子一般较宽，并镶接多层不同颜色的衬袖。领襟、裙摆均镶有多重边饰，左右腋下开衩上端饰有如意纹饰。

▪ 冠服袍：其中朝袍由披领、护肩与袍身组成。袍身前胸后背正龙各一，两肩行龙各一，襟行龙四，披领行龙二，袖端正龙各一，袖相接处行龙各二。皇后、皇太后的龙袍为圆领，右衽大襟，左右开衩，袖有袖身、接袖、综袖及马蹄袖端。袍身明黄色，领与接袖、综袖、袖端为石青色。皇子、福晋穿着的蟒袍款式与龙袍相同，通身饰有九龙，为秋香色。其他各等级有严格的图案、色彩和装饰上的规定。

（3）清代袍服的装饰特点

繁复边饰是清代袍服最显著的装饰特点之一。清初女子袍服的衣袖逐渐变窄，袍服的镶绣等装饰主要在襟、领和袖端等位置，颜色较素。在乾隆后期，这种镶绣装饰手段得以普遍应用。大约咸丰、同治期间，京城里贵族妇女衣饰镶滚花边的道数也越来越多，边饰越来越宽，从三镶三滚、五镶五滚发展到“十八镶滚”。更有在衣襟及下摆处用不同颜色的珠宝，盘制成各种花朵等多种手段。由于女性袍服的装饰之风过于奢侈，苏州巡抚不得不颁布训俗条约，对苏州地区的风俗衣饰加以制约。其中记载有“至于妇女衣裙，则有琵琶、对襟、大襟、百裥、满花、洋印花、一块玉等式样。而镶滚之费更甚，有所谓白旗边、金白鬼子栏杆、牡丹带、盘金间绣等名色。一衫一裙，本身绸价有定，镶滚之费，不啻加倍，且衣身居十之六，镶条居十之四，一衣仅有六分绫绸。新时固觉离奇，变色则难拆改。又有将青骨种羊作袄反穿，皮上亦加镶滚。更有排须云肩，冬夏各衣，均可加上。翻新门丽，无所底止”。正如记载所言，至清中期后，袍服的边饰越来越丰富，以致到了异常繁琐、复杂的状态。

满人袍服中的图案装饰十分多样化，且根据季节而变化。曾为慈禧太后御前首席女官

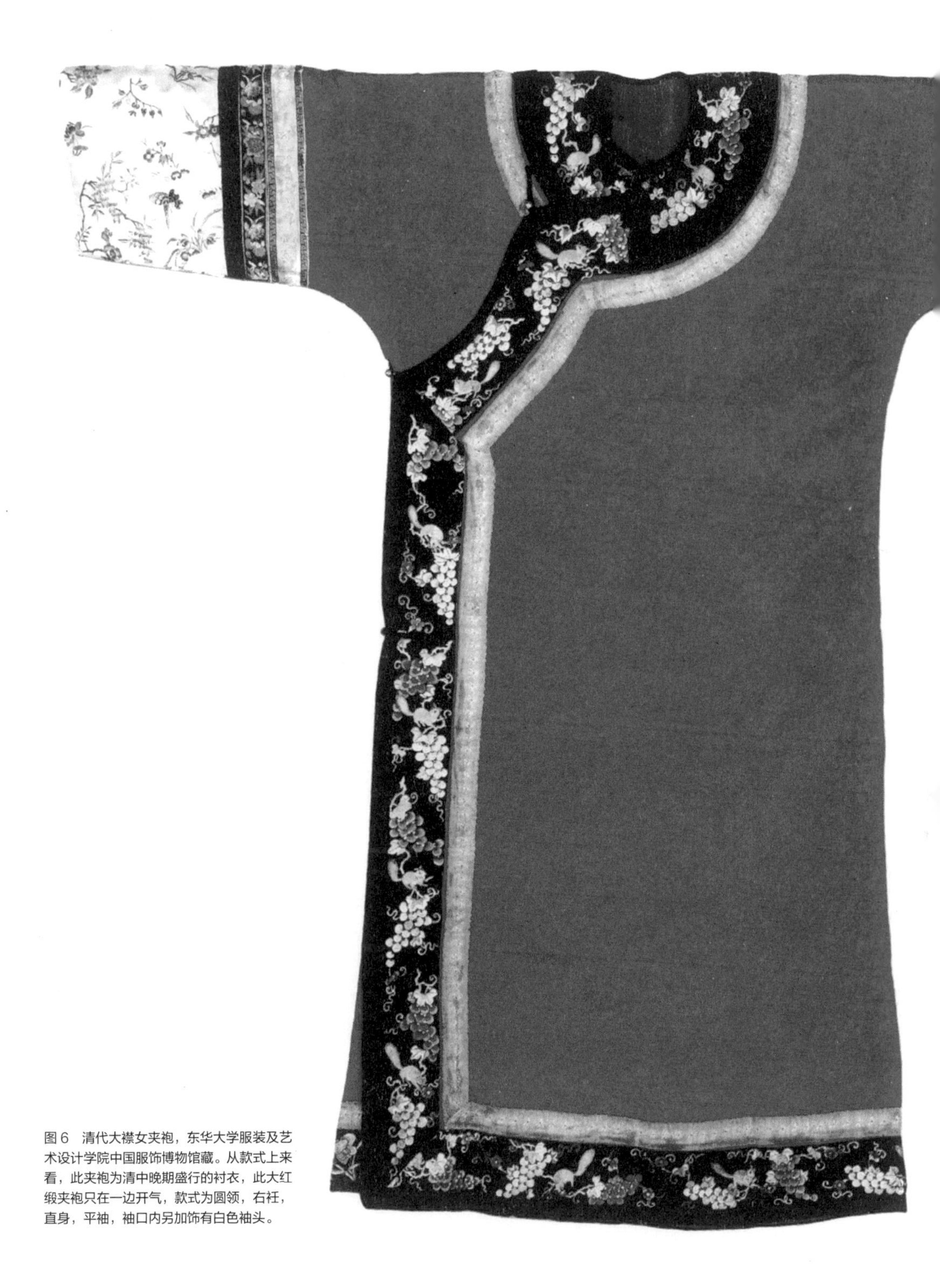

图 6　清代大襟女夹袍，东华大学服装及艺术设计学院中国服饰博物馆藏。从款式上来看，此夹袍为清中晚期盛行的衬衣，此大红缎夹袍只在一边开气，款式为圆领，右衽，直身，平袖，袖口内另加饰有白色袖头。

图 7　清代大襟女棉袍，东华大学服装及艺术设计学院中国服饰博物馆藏。此蓝色暗花缎棉袍为氅衣，衣身两侧开衩高至腋下，开气顶端饰有云头，款式为圆领，右衽，直身，平袖，袖口内另加饰有白色袖头。

图8　清代大红暗花绸女袍，东华大学服装及艺术设计学院中国服饰博物馆藏。此袍在衣领、袖口、门襟、下摆、开衩等处有万字纹织金边，压有黑地五彩蝴蝶花边，外再压有栏杆花边。

的德龄在《我和慈禧太后》一书中写到，“春夏秋冬四季要穿不同的衣服，而且每个季节要用一种固定的花来表示。比如冬天要用腊梅花，春天要用牡丹花，夏天要用荷花，秋天要用菊花”。这些规定是不能违反的，“比如春天，如果谁的衣服上面绣的不是牡丹花，那就是抗旨不遵”“牡丹被称为花中之王，是象征富贵的花。每年春天来临的时候，衣服上面就是它的天下了。织的、绣的，光彩照人，衬得妇人们分外娇美”，而且“尽管都要用牡丹花，但布料的颜色却没有统一的规定，因此，各种艳丽的颜色都被穿了出来，像是一朵朵牡丹花在四处游走”。可以想象，春天里妇人袍服上的牡丹与真正的牡丹竞相开放之势，可谓美极。而“冬天来临，腊梅花就缀满了她们的衣服。有的绸缎本身就是腊梅花图案的，有的是把腊梅花绣到单色绸缎上，绣的时候，又依据着装人的经济实力和地位，分成丝线、金线和双线混绣的三种”。当然这里写的是宫廷中的贵妇们，那么一般人家的女性服饰对图案装饰也看得如此重要吗？德龄在书中也给出了答案——“穷苦的女人可就要费尽心思了，精美是力所不及的，但她们也会极力把衣服弄得像贵妇的服装一样”，“不管衣服料子如何，花样相似就可以了”。如此看来，清代女性上到贵妇、下到平民百姓，对图案装饰是费尽心思了。

袍服上的图案还尤其讲究吉祥寓意。如折枝桂花、兰花，题为“贵子兰孙”；葫芦蔓藤，题为“子孙万代”；双喜字、百蝶，题为“双喜相逢”；水仙、团寿字，题为“群仙祝寿”；福字、桃子、天竹，题为“福寿天齐”；瓜和蝴蝶，题为“瓜瓞绵绵”；五只蝙蝠围着圆寿字加水仙，题为“五福寿仙”；等等。特别值得一提的是龙袍、蟒袍下端斜向排列的线条，被称为“水脚”。水脚上有波涛翻滚的水浪，水浪之上又立有山石宝物，俗称为“江崖海水”。海水有立水、平水之分。立水指袍服最下摆条状斜纹所组成的潮浪，平水指在江崖下面鳞状的海波。“海水”意即“海潮”，“潮”与“朝”同音，故成为官服的专用纹饰。江崖，又称江芽、姜芽，即山头重叠，似姜之芽，表示吉祥绵续、国土永固之意。

二、典型整体形象及搭配

1. 女子礼服旗装袍服整体形象及搭配

清代旗人女子穿礼服袍时，讲究颇多。以朝服袍为例，除了朝袍外，还需要戴上彩帨，披上霞帔和领约，头上戴上金约、朝冠，脖子上再挂上朝珠。

彩帨是穿朝服时垂于胸前的饰物，1 米左右长，为上窄下宽、下端呈尖角形的条状。上端有挂钩，挂于在朝褂的第二个纽扣上。

图 9　清代女龙袍，东华大学服装及艺术设计学院中国服饰博物馆藏。上面装饰有精美的图案，胸前有金龙，并间以彩绣云纹和八仙纹，衣下摆处为立水江崖图案，寓意江山万代。

图 10　《孝全成皇后朝服像》（局部，清朝宫廷画师绘）。1834 年，画中的皇后穿着朝袍时，戴有彩帨，披着霞帔和领约，头上戴有金约、朝冠，脖子上挂有朝珠。

清代霞帔很宽，中间缀以补子，下端饰有彩色流苏装饰。命妇的霞帔在用色和图案纹饰上都有规定，如其补子的图案须从其夫或子。

金约是妇女朝冠的配件，在戴朝冠时需先戴金约，再戴朝冠，起着约发的作用。金约由十来片弧形长条的金托连接成一个圆圈，外面饰金云、青金石和东珠。而领约是佩戴于项间、压于朝珠和披领之上的饰物，类似于圆形项圈。领约以所嵌珠宝的质地和数目及垂于背后的绦色区分品级。

朝冠一般分为三层，上为尖形宝石，中为球形宝珠，下为金属底座，用所饰的珍珠（东珠）的数目来区分品级。

朝珠由 108 颗珠子贯穿而成，挂于颈上，垂在胸前。根据官品大小和地位高低，用珠和绦色都有区别。

2. 女子日常旗装袍服整体形象及搭配

日常女装袍服的款式在清代各个时期有一定的变化，与这种流行变化一致的是女性袍服整体搭配上的变化，比如外衣、头饰、鞋履等。比如清中期女子，日常梳二把头头饰，穿旗装袍，戴浅色（一般为白色）围巾，脚穿花盆底鞋，手上装饰有精美的指甲套，面部化妆以弯曲细眉、细眼和薄小嘴唇的形象为尚。清晚期女子日常头饰为钿子（大拉翅），身穿旗装袍，外加紧身（坎肩），脚穿花盆底鞋，手上戴有指甲套，面部化妆受西方影响而比较简单，尤其喜欢红妆。

二把头头饰形成于清嘉庆后期，写于嘉庆十九年（1814 年）的《京都竹枝词》中用“头名架子甚荒唐，脑后双垂一尺长”来描述此时旗女的新奇发式。此发式是将头发梳起后，将头发束在头顶上分成两绺，结成横向的发髻。余下的头发再梳成长扁髻，压于后脖领上。

钿子又名大拉翅，是满族女性将二把头与汉人凤冠结合的新产物，出现时期晚于二把头。钿子以黑绒及缎条制成内胎，底部以金属丝制成扣碗状，套于头顶发髻上。满族女性经常在上面插戴花饰和耳挖簪等进行装饰。钿子有凤钿、满钿、半钿三种。其中满钿、半钿是常服钿子，为女性日常所戴。半钿一般为年龄较长者或者孀妇所戴。

紧身又名坎肩、搭护、背心、马甲，是一种无领无袖的上衣。式样有一字襟、琵琶襟、对襟、大捻襟、人字襟等数种。紧身一般穿在氅衣、衬衣、袍服的外面。紧身多装饰有精美织花、缂丝、刺绣等图案，并施以多层边饰。在袍服外面再加上一件紧身（背心）是清代后期满人的时髦装扮。金易、沈义羚夫妇所著的《宫女往谈录》中，详细讲述了慈禧身边宫女的大背心——“外面罩个葱心绿的大背心，由领子往上是双绦子万字不到头的图案，蝴蝶式的青绒纽襻，缀着精巧镂刻的铜纽扣”。

图 11　梳旗髻的满族妇女（清人《珍妃常服像》）。清中期女子日常梳二把头头饰，穿旗装袍，戴浅色围巾，脚穿花盆底鞋，手上装饰有精美的指甲套，面部化妆以弯曲细眉、细眼和薄小嘴唇的形象为尚。

图 12　清晚期女子日常头饰为钿子（大拉翅），身穿旗装袍，外加紧身（坎肩），脚穿花盆底鞋，手上戴有指甲套。

图13　清代大襟长坎肩，东华大学服装及艺术设计学院中国服饰博物馆藏。此坎肩为圆领，大襟，两侧开衩。在黑色面料上满绣有四季花卉，衣领、袖窿、前门襟和侧开衩均有华丽边饰。

图14　清末画家吴友如绘的《古人物画》。此画描绘了19世纪末期数十位女性刺绣的场景。图中女性的服饰装扮皆为旗装，她们穿着两侧开气的宽大旗装袍，脚上的花盆底鞋子明显可见。

围巾是穿着衬衣时，在脖颈上系一条叠起来宽约 2 寸、长约 3 尺的绸带，绸带从脖子后面向前围绕，右面的一端搭在前胸，左面的一端折入衣襟之内。围巾一般都是浅色，其花纹图案常常与袍服相配。

花盆底鞋又称为“寸子”鞋，亦称“马蹄底”鞋。其特点是鞋底有数厘米高的木质高底，鞋面常用刺绣或穿珠加以装饰。贵族妇女常在鞋面上饰以珠宝翠玉，或于鞋头加缀璎珞来装饰。前文提到的《宫女往谈录》一书中，写到慈禧身边宫女们的精美花盆底鞋子——“那叫作五福捧寿的鞋，鞋帮两边飞着四只蝙蝠，是用大红丝线绣的，鞋尖正中有一只大蝙蝠，特别加心绣的——是底下要垫上衬才绣出来的，好让蝙蝠鼓起来。鞋口的正中间，要绣一个圆的‘寿’字，大蝙蝠张着翅膀捧着这个圆球似的‘寿’字。‘寿’字中间嵌上一颗珍珠，嵌在‘寿’字的中心，也正对着蝙蝠的头。蝙蝠头的两侧有两个黑点，是眼睛，眼睛正看着这颗珠子”。这种花盆底鞋子“就是我们通天的金字招牌。不是储秀宫伺候老太后亲近的人，是没有资格穿这样鞋的”。可见，这花盆底鞋子也有高低贵贱之分。

贵族等有闲阶层的女性，生活舒适清闲，因此把蓄指甲当作一种乐趣。为保护指甲，她们选用金、银、镀金银、翡翠等珍贵材料制成的护甲套被称为“指甲套”。清代指甲套纹饰极为精美华丽，并多在指甲套上镶上各种珠宝或金银。据说慈禧太后对自己的长指甲尤为保护和珍惜，《宫女往谈录》中写道：“给太后洗完脸、浸完手和臂以后，就要为她刷洗和浸泡指甲了。用圆圆的比茶杯大一点的玉碗盛上热水，挨着次序先把指甲泡软，校正直了（因为长指甲爱弯），不端正的地方用小锉锉端正，再用小刷子把指甲里外刷一遍，然后用翎子管吸上指甲油涂抹均匀了，最后给戴上黄绫子做的指甲套。”而这些指甲套也是“按照手指的粗细、指甲的长短精心做的，可以说都是艺术品”。

清代中初期，宫廷女子以弯曲细眉、细眼、薄小嘴唇的形象为美。满族妇女的传统习俗是一耳戴三件耳饰，制作上也都极其精美。此外，在额前蓄留短发被称为“前刘海”也是这个时期妇女发式的一大特色。到了宣统年间，将额发与鬓发相合，垂于额两旁鬓发处，直如燕子的两尾分叉，时人称之为“美人鬓”。

晚清女子面部妆饰受西方影响，方法步骤比较简单，一般先在全脸敷粉，之后将胭脂涂在脸颊、嘴唇上。另外晚清女子以纤细、俊俏为美，尤其喜爱红妆。红妆多是薄施朱粉，清淡雅致。眉妆颇有特色，均为眉头高眉尾低，眉形修长纤细。施粉的技巧与方法与今日有很多差异，《宫女往谈录》写道：“我们白天脸上只是轻轻地敷一层粉，是为了保护皮肤。但是我们晚上临睡觉前，要大量地擦粉，不仅仅是脸，脖子、前胸、手和臂都要尽量多擦，为了培养皮肤的白嫩细腻。这不是一朝一夕的工夫，必须经过长期的培养才行。我们宫里有句行话，叫‘吃得住粉’，就是粉擦在皮肤上能够融化为一体。不是长期培养，是办不到的。”

关于晚清时期宫廷女性的化妆，德龄在《我和慈禧太后》一书中记载颇为详细。关于慈禧太后的化妆，书中写道——“太后先把剪下来的那一小块丝绵放在温水中蘸一蘸，然后取出来擦自己的两个掌心，直到颜色均匀到她自己满意才罢手，掌心涂好以后，她就对着镜子涂两颊，做这项工作的时候太后很专注”，“两颊涂好以后，最后涂的是嘴唇。以前的人不像现在整个嘴唇都要涂，她们只在嘴唇的正中间擦上一点胭脂”。类似的文字也出现于《宫女往谈录》中——“我们两颊是涂成酒晕的颜色，仿佛喝了酒以后微微泛上红晕似的。万万不能在颧骨上涂两块红膏药，像戏里的丑婆子一样。嘴唇要以人中作中线，上唇涂得少些，下唇涂得多些，要地盖天，但都是猩红一点，比黄豆粒稍大一些。在书上讲，这叫樱桃口，要这样才是宫廷秀女的装饰。这和画报上西洋女人满嘴涂红绝不一样”。在以樱桃小口为美的宫廷中，这种独特的点唇妆一度十分流行。

三、旗装袍与满人宫廷生活

清代的北京城共分为三层，各有城墙所围。最外层是京城，其城墙高 12 米，约 23 公里长，共有九座城门。中间为皇城，城墙有 9 公里长，内有衙署机构和官员住处。而最内城为宫城，即紫禁城，它位居城市的中央位置，城墙共有 3 公里长。满人宫廷的内部结构为左为宗庙，右为社稷，前为朝廷，后为寝宫。这是一个金碧辉煌、格局严谨的宫殿。

1. 等级森严的宫廷生活

中国号称“礼仪之邦”，维护封建等级制度和宗法制度是中国封建礼仪的最大特点。到了清代，礼仪之风更盛，传统礼仪对于社会生活的各个方面，大到国家军政，小到老百姓的衣食住行、举手投足都有约束。传统的中国服饰，无论是色彩、图案、纹饰、刺绣等都带有特定的象征意义，衣冠服饰往往能起到“严内外、辨亲疏”的作用，在这种特定的社会形态中，服装的形式不得不从属于服饰等级的需要，以维护社会的尊卑观念。清代宫廷之中更是如此，服饰穿着在宫廷往往被政治化，要分出各种等级，甚至会规定出种种制度，并严格执行。早在崇德年间，皇太极就认为“服制是立国之经。我国家以骑射为业，不能改变国初之制”。后来乾隆帝更进一步阐明此点。清朝皇族、皇戚以及命妇的冠服各有详尽的规定，冠、袍、褂、金约、领约、彩帨、朝珠及耳饰等的形色、绣纹、数目都是按制而分，不得违反。最著名的例子大概就算是年羹尧的“乱穿衣”之罪了。当年雍正皇帝赐

图 15　身穿旗装袍，外套紧身，梳大拉翅发式的珍妃像。从中可以看出晚清女子以樱桃小口为美，宫廷中流行点唇妆，即以猩红颜色在上、下唇以圆形涂抹。

死年羹尧，就有“擅用鹅黄小刀荷包，穿四衩衣服，纵容家人穿补服”的罪状。

袖和肩是清代区别身份的重要标志，清初时的服饰制度即规定，官员入朝必须穿披肩领袍，即朝服。同时朝服带有箭袖（马蹄袖），一般最长为半尺（16.67 厘米）。带箭袖的袍服为满族贵族所穿，一般旗人只许穿披肩领便袍，而到了普通百姓那里就只许穿无披肩的领袍。女性旗装袍，从外观造型上来看，清代 200 多年间变化并不是很大，旗装袍服的多姿多彩更多地体现于其装饰之上了，诸如色彩、刺绣和镶边等。不过由于宫廷中对旗装袍服的形色、绣纹、数目都是按等级而分，因此其图案和色彩的应用是一种等级审视标准，而非视觉美感审视标准。可以说清代宫中旗装袍的等级标志作用大于其审美价值。

说到清宫中的等级森严，还有一事可以印证。在《宫女往谈录》中，对宫女的衣装用“朴素”二字描述。书中写道：“我们宫女不许描眉画鬓，也不穿大红大绿。一年四季由宫里赏给衣裳。”宫女们的服饰不仅素净，数量也并不多，“每次赏给我们是四套，有底衣、衬衣、外衣、背心，算一套。衣料是春绸、宁绸的多，夏天也有纺绸的。除去万寿月能穿红的、擦胭脂、抹红嘴唇以外，我们一年差不多穿两色衣裳，春夏是绿色，淡绿、深绿、老绿可以随便，但不能出大格，秋冬是紫褐色的，唯一能争奇斗胜的，是袖口、领口、裤脚、鞋帮的绦子和绣花，但也是以雅淡为主，不能过分”。宫廷中的王公贵族们衣食无忧，女性们更是在衣着装扮上争奇斗艳，而宫女们装扮则有严格的规定，正如书中所言，不能“出格”，也不能“过分”。这便是“主子”与“奴才”的等级之分。

2. 奢侈豪华的宫廷生活

经过清代 200 多年的历史变迁，早期旗装袍简练自由的风格，逐渐被繁冗和奢华所替代，从外形上看，旗装袍大多采用平直线条，衣身宽松，两边开衩，腋部收拢已不太明显，整体呈方形。因此清代旗装袍服逐渐变为不重外形而重装饰的服饰。如宫中袍服的用料十分讲究，各种绸、缎、纱、罗、缂丝以及用孔雀羽毛、金线、穿珠装饰的衣料都派专人到专门地点采办。这里的专门地点就是江宁（南京）、苏州、杭州三织造衙门。以江宁织造府为例，据史料记载，从清顺治二年至光绪年间，江宁织造府作为清代专门制造御用和官用缎匹的官办织局，存在了 262 年。由于清代南京地区的丝织业发达，江宁织造府的精美丝绸品只供皇帝和亲王大臣使用。同时江宁织造多由皇帝亲信的内务府大臣担任，它又被称为“江宁织造部院”，其地位仅次于两江总督，权势极其显赫。清康熙皇帝六次下江南，便有五次住在江宁织造府内。

宫廷里最为豪华奢侈的服饰当然是龙袍。龙袍的做工有刺绣、缂丝之分。而就织造工艺技术而言，缂丝又是其中最奢华的代表之一。缂丝是一门古老的手工艺术，是中国丝绸

图 16　清代朝袍，东华大学服装及艺术设计学院中国服饰博物馆藏。朝袍一般为圆领、右衽，另外的特别之处是上下分开剪裁后，再缝合而成。此金黄妆花缎朝袍全身共有龙纹 34 条。

图 17　清代蓝色缂丝吉服袍，东华大学服装及艺术设计学院中国服饰博物馆藏。此袍身缂有龙九条，前后肩部有正龙各一条，前后下摆有行龙各两条。

艺术品中的精华，这是一种透经彩纬显现花纹，形成花纹边界，具有犹如雕琢镂刻的效果，富有双面立体感的工艺品。缂丝在织造时按预先设计勾绘在经面上的图案，不停地换着梭子来回穿梭织纬，即以各色彩线采用“通经回纬”之法制作而成。织造一幅作品，往往需要换数以万计的梭子，其耗时之长，功夫之深，织造之精，可想而知。这种复杂的织造多用于龙袍之上。

对于宫廷中的贵妇人来说，服饰装扮亦是十分奢侈。据《我和慈禧太后》一书中记载，“宫里面供养着很多裁缝，他们是绝对不敢偷懒的，不断地给太后做新衣服”，另外还有“很多神秘的老妇人。这些人要做的事情，就是整天低着头，用笔给太后画新鞋的花样”。因此，即使“太后是个记性非常好的人”，也“弄不清自己的衣裤、鞋子、项链、耳环到底有多少”。而这些数不清的衣服和首饰只是整整齐齐地码在柜子里，偶尔让太监们用木盘子装着，托出来展示一下。在如此奢侈豪华的宫廷生活之中，这些精美的服饰可能一次也没有得到过太后的宠幸，便在其死后，一起埋入地下。当然，也有一些比较幸运，书中提到一件袍——“特意命人赐给我一件她年轻时穿的旗袍，那件旗袍非常漂亮，粉红色的底子上绣了许多兰花，想必是太后刚进宫的时候，咸丰帝做给她穿的”。因为时为“兰贵人”的慈禧，当然是穿着这绣兰花的旗袍。

四、旗装袍与汉族服饰文化

满、汉民族初起的居住地区及生活习惯有较大差别。满族的先祖久居于白山黑水之中，过着狩猎、采集和捕鱼的生活，常穿以毛皮为材料的袍服。其进关之前，衣料中棉纺和丝织几乎没有。而汉族分布于全国各地，服装纷繁复杂，变化很大，且讲究装饰，装饰的等级差别也有严格规定。清朝早期，满人入关后，不改本族的服饰，并且认为汉人只有同满人一样剃发梳辫、改穿满服才是真心归顺，因而清统治者马上下令关内兵民剃发易服，这一举措激起了民族矛盾，遭到了各地人民的强烈反抗。而后由于满、汉两族人民长期混居，生活习俗等逐渐融合，两族服饰文化也逐渐走向融合，因此在清代满人袍服中可见汉族服饰的积极影响。

1. 满人龙袍与十二章纹

清朝君主力主不改祖宗的服制，并制定了完整的清代冠服制度。然而从乾隆年间所定冠服制度及清帝服饰的演变来看，其都大量沿用了明代的旧制。比如大清皇帝穿的龙袍为黄锦袍，绣上龙纹，戴金镶玉，胸前挂念珠，脚下穿软靴。这种服饰是以满族的旗服为主，结合汉制龙纹形成的。其中龙袍上的十二章纹样便来自汉族皇帝的衮服。十二章纹是中国帝制时代的服饰等级标志，指中国古代帝王及高级官员礼服上绘绣的十二种纹饰，它们分别是日、月、星辰、山、龙、华虫、宗彝、藻、火、粉米、黼、黻，通称“十二章”。汉人的十二章纹由来已久，大约在周代已经形成。据《周礼・春官・司服》注及疏记载，周代有官名“司服”，“掌王之吉凶衣服”，周天子用于祭祀的礼服即开始采用“玄衣素裳”，并绘绣有十二章纹；公爵用九章，侯、伯用七章、五章，以示等级。十二章纹之制自东汉确立之后，各朝各代都把它作为封建舆服制度的一个重要组成部分，是汉人帝王服饰的标志性特征之一。

清朝皇帝龙袍上的十二章纹，就是按照明代帝服规定的，只是章纹在皇袍中所占面积相对很小。其中日、月、星辰、山、龙、华虫、黼、黻八章在衣上；其余四种藻、火、宗彝、粉米在裳上，并配用五色祥云、蝙蝠等。它们分别代表了不同的含义：“日月星辰取其照临；山取其镇；龙取其变；华虫取其文也；宗彝取其孝；藻取其洁；火取其明；粉米取其养；黼若斧形，取其断；黻为两已相背，取其辩。”总之，这十二章包含了至善至美的帝德。乾隆帝把这种沿袭解释为遵循古礼，但这种古礼其实已经不是满族的祖制，而是汉人的祖制了。

2. 满汉结合的氅衣

清代满人贵族女性中流行一种称为“氅衣”的服饰，氅衣是清代内廷后妃穿在衬衣外面的日常服饰之一，也是后妃服饰中花纹最为华丽、做工最为繁缛、穿用最为频繁的服饰之一。从形式上来看，它也是一种袍服。不过氅衣并非满人的传统服饰，而是汉人的传统服饰。氅衣原是指古代罩于衣服外的大衣，用以遮风寒，其形制不一。明刘若愚《酌中志・内臣佩服纪略》：“氅衣，有如道袍袖者，近年陋制也。旧制原不缝袖，故名曰氅也，彩素不拘。”清代道光朝之后流行的氅衣为长便装，穿于衬衣之外。这种长可掩足的罩衣，形体宽大，圆领，大襟，右衽，左右大开衩，袖宽而短，左右腋下开衩，上端以花边组成如意纹饰。

氅衣的衣边、袖端装饰有多重各色华美的绣边、绦边、滚边、狗牙边等，尤其是清代同治、光绪以后，这种繁缛的镶边装饰更是多达数层。在氅衣的袖口内，也都缀接纹饰华丽的袖头，并饰以花边、花绦子、狗牙儿镶滚。作为传统汉族服饰的氅衣于清道光以后始见于清宫内廷，后来在社会上影响很大，各阶层妇女都纷纷仿效，广泛流行。作为清晚期宫中后妃便服，氅衣改变了满族传统服饰长袍窄袖的样式，迎合了道光、咸丰以后的晚清宫廷生活追求豪

图 18 《豪家佚乐图》（局部），清，杨晋（1644—1728），绢本设色，纵 56.2 厘米，横 127.4 厘米。此卷描绘的是豪门之家春夏秋冬的四季享乐生活，人物的衣着裙衫均勾描设色，款式、颜色均是清代典型的流行风格。从图中可以看出清晚期便出现了服饰上满汉互借互用，旗女袍服变得像汉女袄裙一样宽身大袖，而汉女袄褂也变得如同旗女袍服一样越来越长，繁复而精美的镶滚装饰则成了她们共同的爱好。

图 19 清代民俗画《斜卧的美人》。画中一女斜卧榻上，右手支头，左手执扇，手戴玉镯。绒布眉勒上装饰着牡丹花饰，身穿青罗编成的小袄和长裤。可以看出此时的汉人服饰装饰繁复，时兴做法就是在领袖、前襟、下摆、衩口等边缘施绣镶滚花边。

华铺张、安逸享乐的风尚，很快被认可，成为后妃们必不可少的日常服饰之一。

出身满人旗兵家庭的老舍先生，生于 1899 年的北京。在其未完成的自传体小说《正红旗下》中多次提到清末时期旗人女性所穿着的氅衣，比如“大姐是个极漂亮的小媳妇：眉清目秀，小长脸，尖尖的下颚像个白莲花瓣似的。不管是穿上大红缎子的氅衣，还是蓝布旗袍，不管是梳着二把头，还是挽着旗髻，她总是那么俏皮利落，令人心旷神怡”。以上文字中，老舍先生将氅衣和旗袍相对而述，说明氅衣与传统旗装袍服还是不一样的。相对而言，宽阔大袖的氅衣要隆重和华贵得多。《正红旗下》中的另一处文字也可证明此点，如其中提到母亲最怕的是“亲友家娶媳妇或聘姑娘而来约请她做娶亲太太或送亲太太”。虽然这是一种很大的荣誉，但是“母亲最恨向别人借东西，可是她又绝对没有去置办几十两银子一件的大缎子、绣边儿的氅衣和真金的扁方、耳环，大小头簪”。如此看来，氅衣是一种极其考究的服饰，做娶亲太太或送亲太太时，必须穿着考究，再配上齐全的首饰。

Unit-05

第五章 西化萌芽时的简便袍服（1912—1919 年）

1911 年以后，孙中山领导的辛亥革命结束了延续十年的封建君主制，建立了中华民国，这是中国近代史上最伟大的事件之一。辛亥革命废除帝制后，剪辫发、除陋习、易服饰。在民国政府颁布的多种有利于推行民主政治和发展资本主义的政策和法令中规定“政府官员不论职位高低，都穿同样的制服”，从而废除了“昭名分，辨等威”的传统习惯和规章制度。一时间“大拉翅”“花盆底”等旗女形象不见了踪影。汉族女子以着汉装为荣，而一般满族女子也由于害怕反满革命，而改穿汉族女子装束，社会上一时出现了“大半旗装改汉装，宫袍裁作短衣裳”的现象。此时满人的传统袍服暂时性地退出了历史舞台。

文化思想上的重大变革则始于 1915 年兴起的“新文化运动”。新文化运动以陈独秀所办的《新青年》杂志创刊为起点，李大钊、鲁迅等人先后成为其编辑和主要撰稿人，并很快在进步的知识界引起了共鸣。新文化运动的主要内容是提倡民主和科学。民主是指西方资产阶级的民主政治，科学是指自然科学和看待事物的科学态度。此时，妇女的解放也出现了新的局面，陈独秀、李大钊等人高呼“三纲”要打破，青年女子要从被征服的地位站起来居于征服地位。从此，妇女的意识形态发生了翻天覆地的变化，从而引发了女子服饰观念的变化。这种变化也集中体现了社会文明前进的步伐，反映出女子道德、心理的成长变化。

一、基本形制及变迁

此时由于逐渐取消了八旗制度，大部分满族人被减俸停禄后，收入不固定，生活十分困苦。老舍在其的《正红旗下》一书中写到，一位便宜坊烤鸭店的王掌柜，这个原籍胶东的汉人在北京生活了 60 年之久，也看到了晚清时期旗人的兴衰。“他刚一入京的时候，对于旗人的服装打扮、规矩礼节，以及说话的腔调，都看不惯、听不惯，甚至反感。他也看不上他们的逢节按令挑着样儿吃，赊着也得吃得讲究与作风，更看不上他们的提笼架鸟、飘飘欲仙地摇来晃去的神气与姿态。”而后，王掌柜则觉出旗人的窘迫来，因为“老主顾们，特别是旗人，买肉越来越少，而肉案子上切肉的技术不能不有所革新——须把生肉切得片儿大而极薄极薄，像纸那么薄，以便看起来块儿不小而分量很轻”。旗人不再有充足的俸禄、显赫的地位和装扮的心境，由于脱离了奢靡华贵的清朝宫廷之土壤，伴随着民国的建立和

图20 20世纪初期中国社会的政治和思想变革使妇女的意识形态发生了翻天覆地的变化，并由此引发了女性服饰的变化。此图为一中一西两位女性的合影。有趣的是，中国女性穿戴起了20世纪初西方流行的女性衣裙和用花朵装饰的帽子，而身旁的西方人则是一身旗女装扮。

图21 民国初期的穿旗装袍、梳大板头的旗人女性。此时的旗装袍去繁就简，袖子变得窄小了，繁复的装饰镶滚也不见了。

图 22　蓝蝴蝶花卉暗花绸大襟女袍，东华大学服装及艺术设计学院中国服饰博物馆藏。此袍为 20 世纪初期的旗装女袍，款式朴素，特点是袍身较宽大，下摆宽，袖身与袖口较小，小立领。

社会环境的大变革，旗装袍服的穿着条件已经基本不复存在。人们迫不及待地从各方面追新求异，如满洲妇女改穿汉服、女尚男装以及女学生装和“文明新装”的现象相继出现。

虽然民国以崭新的姿态迎接着一个开放时代的到来，过去以礼仪、等级为核心的服饰文化开始向以审美、个性为基本理念的新服饰文化过渡，但这种过渡是渐进的，更何况在曾经的封建都城北京，这种过渡尤其显得缓慢和长久。封建思想和文化并未随着清王朝的覆灭而一并清除，部分保守人士依然穿着旧式旗装袍。在保守势力和亲清势力强盛的北京，穿旗装袍的人仍然很多，尤其是上层旗族妇女。如末代皇帝溥仪的弟弟溥杰在《回忆醇亲王府的生活》书中写道：“我的两位祖母和母亲始终都着旗装。她们所用的旗装头饰上的人造花和‘二把头’以及旗装高底鞋和布袜之类，也都由专门承办的手工业者送货上门。”此时的旗装袍从款式上来讲，外形宽大平直，袍身长及脚面。同时受到汉族女子装束简练自由风格的影响，旗装袍袖子开始稍有收紧并略有缩短，露出一截手腕。袍身的长度也开始缩短到膝与脚踝之间，领子受当时汉装的影响，一度也变为“元宝高领”，而后又渐渐变矮。从装饰来看，此时的旗装袍自然也没有了从前的华丽，整体风格朴实而简单，不但色调力求素雅，镶滚也比以前简练得多，不再以装饰体现身份和地位，而更加追求自然的效果，整体显得越来越素净，并趋于简化。

二、旗装袍与民主之风

1. 开放的社会新思潮

从 19 世纪 40 年代到 20 世纪初，中国历史上交替出现了洋务、维新、民主革命、国粹主义等各种思潮。资产阶级革命者所宣称的“自由、民主、人权、博爱”的人文主义精神，以及这种精神所倡导的所谓平等的服饰制度，打破了从奴隶社会、封建社会沿袭而来的严格服制。1911 年辛亥革命后，绵亘数千年的封建君主专制制度随之灭亡，中国旧有的衣冠体制也随之瓦解，传统服饰随着封建王朝的崩溃而逐渐蜕变。辛亥革命成为中国服饰上的又一转折点，取消了服饰上的等级差别，废弃了几千年来以衣冠“昭名分，辨等威”的典章制度与传统习惯。而旧王朝的那些朝服和朝袍只能残留在保存下来的末代宫廷中，其象征意义已相当微弱。

曾经作为中国贵族女性主流服饰的旗袍，摆脱了封建文化的制约。服装等级观念的外在区别被大大地淡化了，它摒弃了传统的繁冗矫饰之风，使民主、自由的精神得以充分体现。此时旗装袍的最大特点就是主张简约，体现出一种自然之美。它一扫清朝矫饰之风，去繁就简，其造型特点是袖子窄了、料子素了。特别是那些不厌其烦的装饰镶滚，也逐渐减少，甚至可

图 23　图为身穿旗装袍服的满族贵族女性。此时旗装袍服比较简洁，尤其是装饰较少。图中女性穿着窄袖旗装袍，外罩旗人常穿的坎肩，女袍和坎肩的边饰明显变得简洁了。

图 24　末代皇后婉容（生于清光绪三十二年九月二十七日，即 1906 年 11 月 13 日，1922 年婉容被册封为皇后）。图为婉容穿着传统宫装旗装袍。虽然婉容出生于 20 世纪初期，大多数流传下来的照片已属于民国初期所拍摄，但作为中国清代最后一位皇后，她当时所穿的这件旗装袍仍然是晚清时期的样式。

以忽略，避免了不必要的重复和堆砌，线条更加简洁、流畅。旗装袍的简化也预示人们的思想由束缚走向解放的过程，以及新女性对全新生活方式的追求。

2. 宽松的社会风气

也正是由于比较民主的社会风气，作为清代文化遗留物的旗装袍，在民国初期没有立即消亡。1912 年 10 月，刚迁至北京不久的民国政府和参议院颁发了第一个服饰法令，即《服制》，其中对民国男女正式礼服的样式、颜色、用料做出了具体的规定。但在各项服制条例中，并没有对平时便服做具体规定，而是主张“礼服在所必更，常服听民自便”。这种“常服听民自便”的宽松举措，使得北京城里的遗老遗少们仍然可以穿旧式的旗装袍服。此时的北京城内，即使不是皇室后裔，穿旗装袍、梳大板头的妇女也还时不时能在大街上出现。甚至一直到 1922 年，当溥仪大婚时，所有人也均是满族朝服装束，男的是花翎红顶，朝服挎腰刀，妇女也还是宫装旗装袍，高底鞋。直到 1924 年 11 月 5 日，溥仪被逐出紫禁城后，北京城内的穿旗装袍、梳旗头的现象才基本消失。

当社会政治思想宽松的时候，人们着装的个性化往往更强，服饰的个人化相对丰富。民国初期北京城内的满人旗装之风景，也可以被看作是一个独特群体的个性化着装现象，而整体社会对此种非大众化的服饰装扮，也显示出了宽容和接纳的态度。

Unit-06

第六章 清代满人袍服的形成与发展

一、清代满人袍服的形成——从东北山林走进京城

1. 强权政治大力提倡满族服饰文化

清代是中国历史上第二个，也是最后一个由少数民族入主中原建立的统一政权，清王朝政治上的统一必然要求思想上的统一。满族问鼎中原建立新王朝后，坚持维护本民族的生活方式和传统习俗，并以此作为安身立命治国之根本。因此清代初期，朝廷通过剃发易服和文字狱来抑制汉人的民族精神，以保证满族的统治地位。

从满汉的蓄发习俗来看，汉人成年之后就不可剃发，男女都把头发绾成发髻盘在头顶。满人则不同，男子须把前颅头发剃光，后脑头发编成一条长辫垂下。从满汉的服饰习俗来看，汉人的服装以交领、右衽、无扣等为主要特色，而满人服饰的主要特点是立领、对襟、盘扣等。其实早在入关之前，满族统治者在关外已然推行"剃发易服"政策，对被征服的汉人一律强令改变发式、更换服装。入关后，其又多次要求汉人剃发易服，最终结果是满族封建统治者取得胜利，大部分汉人都剃发结辫，改穿满族衣冠。"剃发易服"已经不仅仅是一种服饰制度，而是一种与"文字狱"一样的强权统治手段。清代满人坚持实行以满族服饰制度为规范的服饰制度，其目的就是为了实现以满族为社会主体的政治统治。在清政府强烈的满族化指导思想下，各种满族文化得到了很大的发展，而满人的传统袍服当然也在其中。在这种强权政治之下，不仅满人穿袍，汉人也开始接受这种服饰了。

2. 生活方式影响满人的服饰习俗

满人入关后的生活与以往有了很大的改变，地理位置、环境、气候等外部天然条件的变化必然导致其生产和生活方式的改变。满人入关后进入中原地区，农耕文明基本代替了狩猎采集文明，也就是说，满人在东北的深山老林、白山黑水之间骑射游牧生活已经彻底结束。平原地区的安逸生活改变了满人的各种传统习俗，也包括服饰习俗。因此满人的袍服在入关之后，逐渐适应中原的自然条件和社会条件，进行了适当的改变，最终成就了源于传统骑射服饰，而又有别于传统骑射服饰的满人袍服。满人袍服在面料、廓形、款式细节、装饰形式上均有较大的改变，而其中最大的改变莫过于满人的女袍逐渐形成独特的形式，这在很大程度上丰富了满人的传统服饰文化，也为满人袍服繁复、华美特色的形成奠定了

基础。

以女装袍服为例，满人入关后，其袍服逐步在关外袍服的基础上变化而成。其中面料由原来的毛皮转向以绸缎为主，且多华丽。廓形由上窄下宽的式样转为上下均等的直筒形，袖子由窄袖变为大袖。装饰上更是大胆借鉴汉人服饰的装饰手法，出现繁复的边饰和精美的刺绣等。

二、清代满人袍服的特点

1. 款式廓形的从众保守

清早期，旗装袍腰身上小下大、底摆肥大，袖管细窄，长至手背。清中期演变为直身式，袖管呈喇叭形，袖口宽大。到了清晚期，袍身细瘦，下摆窄小，袖管由宽变窄，逐渐合体。可以看出，在清王朝 200 多年的进程中，女装袍服的款式变化并不大。也就是说满人袍服直腰身的宽阔外造型几乎没有改变过，总体而言保守严谨。这种款式特点也正是清朝社会以男性为社会支柱与核心的体现。女性作为男性的附属物，只能按照男性的要求穿着打扮，而不能随意地表现和张扬自己的个性。女性在服饰上的保守严谨，可以使之既不会因个性的展现而引人注意，又不会因过于招摇而引发有违伦常之事，这正符合男性对女性的要求。另一方面，在传统的中国社会，伦理纲常作为统治社会的重要工具而被大力提倡。这种传统的伦理纲常要求男女有别、女性要有守身如玉等道德观念。受其影响，女性穿着打扮需要严谨，宽大的满人袍服正可以将女性玲珑的曲线遮掩，让女性身体之美不外露以符合传统伦理观念。

2. 图案装饰的繁缛象征

在等级十分森严的清代社会，服饰装扮作为财富和地位的物化表现之一而受到了高度重视。服饰装扮越繁缛，就越表明一个人财富多、地位高。因而清代女性袍服的外观有明显的繁缛化倾向。另一方面，传统社会的审美观意在维护统治阶级的特殊利益和男性的社会主导地位，女性在这样的社会中始终处于被美化、被装饰的地位。女性装扮是一件天经地义的事，于是越来越多的心思和财力被放在了女人的服饰装扮上。装饰乃是清代袍服的重点，后期更加追求繁琐、精致的装饰性效果。精美绝伦的刺绣工艺以及复杂的绣、滚、嵌、盘的镶滚技巧至今令世人叹为观止。到咸丰、同治年间，刺绣纹样装饰达到顶峰，整件衣服甚至全用花边镶饰，几乎看不见原来的衣料。另外自入关以来，汉文化的图案装饰艺术被满人广泛接受和应用。无论男装还是女装袍服上均大量使用汉人擅长的刺绣花纹，其中的图案装饰十分多样化，比如大量的花草织物纹样（莲花、缠枝牡丹等）以及福、禄、寿、喜等吉祥文字图案。

民国才女张爱玲曾在《更衣记》一文中如此评价中国服饰的繁复装饰："袄子有'三镶三滚''五镶五滚''七镶七滚'之别，镶滚之外，下摆与大襟上还闪烁着水钻盘的梅花、菊花。袖上另钉着名唤'阑干'的丝质花边，宽约七寸，挖空镂出福寿字样。"张爱玲因此感叹道："这里聚集了无数小小的有趣之点，这样不停地另生枝节，放恣，不讲理，在不相干的事物上浪费了精力，正是中国有闲阶级一贯的态度。唯有世上最清闲的国家里最闲的人，方才能够领略到这些细节的妙处。制造一百种相仿而不犯重的图案，固然需要艺术与时间；欣赏它，也同样烦难。"

三、清代满人袍服的流行与传播

与海派旗袍流行时大众传媒、名人效应等所起的积极作用不同，满人袍服的流行中这些手段的推波助澜作用并不明显。远在内陆的京城是一个封建都城，其社会风气并不十分开化。满人袍服的流行传播速度和范围均无法与20世纪上半叶的海派旗袍相比，它基本上是一种存在于满人贵族圈子里的奢华时尚，且流行的主要地理区域限于北京。

1. 流行变迁缓慢

在政治文化气氛浓厚的北京，由于清政府长期的强权统治，以及长期推崇的相对封闭的社会风尚，清代北京的社会风气相对保守。这种风气也必然在服饰上有所体现，即长期以来对原有服饰的认同，较少产生怀疑与变革。在所谓的传统与反传统之间，北京更多的是对前者的维护与发扬，将社会的规范作为着装依据和标准，而不是从个性出发来选择服饰。因此就满人袍服的流行演变来看，其速度缓慢。同时，作为都城的北京，虽是全国的政治中心，但工商业并不发达，因此北京的生活节奏相对缓慢。林语堂先生在《大城北京》中写道："北京的生活节奏总是不紧不慢，生活的基本需求也比较简单。"因此，"整体上说，北方人的生活态度是朴实谦逊的。他们的基本需求简单无几，只求过一种朴素和谐的人生"。地处内陆的北京所受到的"西化"的影响，显然不如上海这样的通商口岸那样直接。当北京还有很多人在穿着旧式样的满人袍服时，上海的时髦女性早已经改头换面了。比如1912年1月6日的上海《申报》中以"时髦派"为题，描绘出当时上海的时髦男女典型装束："女界所不可少的东西：尖头高底上等皮鞋一双，紫貂手筒一个，金刚钻或宝

图 25　清后期大红缎地彩绣镶边女袍，东华大学服装及艺术设计学院中国服饰博物馆藏。清代袍服在后期尤其追求繁琐、精致的装饰性效果。此袍虽为清代旗人女童袍，但仍然有大量的绣、滚、嵌、盘等装饰细节。

图26　清代数百年来，女装袍服的款式变化并不大，直腰身的宽阔外造型和保守严谨的风格几乎没有改变过。而流行的地域也基本限于北京，是一种存在于满人贵族圈子里的奢华时尚。

石金扣针二三只，白绒绳或皮围巾一条，金丝边新式眼镜一副，弯形牙梳一只，丝巾一方。再说男子不可少的东西：西装、大衣、西帽、革履、手杖外加花球一个，夹鼻眼镜一副。”如此看来，1912 年的上海城市男女是十分洋派的。因此张爱玲在《更衣记》中写道：“我们不大能够想象过去的世界，这么迂缓，安静，齐整——在清朝 200 年的统治下，女人竟没有什么时装可言！一代又一代的人穿着同样的衣服而不觉得厌烦。”生于上海，长于上海的张爱玲是洋派的，对于京城的封闭社会风气当然不能理解和认同。而对北平（北京）颇有好感的林语堂，则认为“他们基本上很保守，具有保守派所有的好、坏两方面特点。他们不愿意接受现代新观念，更偏爱千百年来在宗教信仰影响下形成的礼仪和行为准则”。

另外，北京的气候特点是冬季干燥、春季多风、夏季多雨、秋季相对温和。正是在这种气候的制约下，满人袍服多以棉、麻等相对厚实的布料为主，以抵御长久的寒冬，并构成了其宽阔厚实的整体风格。同时，寒冷的气候还影响着人的性格。据说，在相对寒冷的气候中，人的身体不仅比较魁梧，而且感觉也相对慢钝。人们对服饰的感觉亦是如此。可以想象，在寒冷的季节中，人们将身体罩在厚厚的长袍中以求温暖，将对诸如款式、色彩、面料等的细节美感和流行变迁之诉求，当然放在了第二位。

2. 流行于满人和汉人之中

与西方人着装打扮的个人化和个性化不同，中国人自古便将服饰装扮看作是大事。北京是满族的聚居地、旧王朝的政治中心，自然成为封建传统势力坚守的堡垒，成为用服饰来显示尊卑贵贱的最理想舞台。作为满人传统服饰的旗装袍在当时的京城绝对是权势、身份、财富的象征，是具有优越地位的满人身份的外化体现。长久以来，作为清朝都城的北京以其固有的历史传统，成为统治阶级官方文化的代表，满人的服饰穿着也吸引着京城的普通百姓，成为京城中的主流服饰。甚至此时的汉族妇女，也以穿着旗装袍为时尚。清末民国初的吴思训在《都门杂咏・妇装》中写到的“髻鬟钗朵满街香，辛亥而还尽弃藏。却怪汉人家妇女，旗袍各各斗新装”，反映出汉人女性对旗装袍热衷。汉人对旗装袍如此热衷，一方面符合人们在衣着装扮上求新求美的心理，另一方面则是源于当时社会的特殊政治背景。京城中满人虽然是少数民族，但从满人对社会权力的掌握和满人的内心认同感来看，满人在京城又算是“当地人”了，属于主流社会。汉人百姓对旗装袍的热衷，其实也是希望通过在服饰上的模仿来迎合主流社会的生活方式，以求在心理上获得与其地位同等的优越慰藉。

四、清代满人袍服与满族女性

1. 构筑满人女性的外观形态美感

源于白山黑水的满人，曾被中原汉人看作是“外族人”。其生活相对开放而自由，社会和家庭的形态和制度亦相对开放。比如满人中没有“三从四德”的女性贞操观，女人的生命和生活更加自由和自我。据记载，清朝顺治皇帝的大哥（皇太极的长子）肃亲王豪格死去后，他的两个妻子就分别被叔父辈的多尔衮、阿济格娶去。这种汉族礼教中的“乱伦”之事，从满族婚俗来看则属正常。生活习俗和文化传统观念的差异也必然地反映于其女性审美观念和服饰习俗上。就如我们切不可用汉族的传统纲常礼教去看待清代的满贵族一样，也不可用汉人的纤弱美人来臆断满人的女性审美之标准。在满人的审美文化中，女性的自然天性更加得到尊重和欣赏。同时由于长期的北方山林骑射生活，满族女性从身体外观上也较汉人高大而健壮。

入关以后的满人，虽然过上了相对富裕而安逸的生活，但对其祖先的民族文化亦大力保护。满人不仅没有抛弃原先的传统，还将其发扬光大。比如旗女入关后，仍然必须习旗俗、穿旗装袍。清旗装袍臃肿肥大、袍身较长，一般长至脚背。腰部为直线剪裁，宽大无收腰，即穿着旗装袍的旗女从外观上看，比较宽阔，身体显臃肿，下身宽而长。加上旗人女子特别的高底鞋，将人体在纵向方向拉长，尤其是将身体的下半部加长，从而使得女性整体的纵、横向比例和上、下身比例在视觉上更趋于优化。正是由于满人袍服独特的形制，再加上满人花盆式的高底鞋、宽大的二把头饰，共同构筑了清代时期满人女性的外观形态。此种高大健康、活力天然的满人女子，与三寸金莲和大褂长裙所勾勒出的汉人女子，在长达200多年的清代并存，形成了此时期独特的中国女性形象群体。

2. 彰显满人女性的社会身份

满人袍服有着浓郁的满人民族服饰文化特质，同时也是满人民族属性的外化方式之一。就服饰装扮对人身份、地位的象征性而言，满人袍服在此方面的彰显功能尤为显著。在清代的京城中，满人的旗装与穿者的身份、地位和权势密切相连。清朝在全国实行“八旗”制度，旗人（满人）社会等级最高。入关后的清朝贵族们，在此时也经历了一场由政治形势转变所带来的生活环境、生活方式的大变革。从前的东北山林中，生活条件相当艰苦，自然环境相当恶劣，同时政治势力相当狭小。入关后的满人来到了金碧辉煌的皇城，也拥有了从来没有过的空前权力和财富。这种从物质到权力的巨大转变，也让满人在思想和观念上经历了一次不同文化和观念的冲击和对峙。面对这样的文化和观念冲突，满人采用了

图 27 石青缎地彩绣花卉纹蝴蝶纹大襟女袍，东华大学服装及艺术设计学院中国服饰博物馆藏。清旗装袍袍身较长，一般长至脚背，而腰部基本不收腰，而此款袍腰部则略有收拢，为清后期女袍。

折中的方法，即一方面积极迅速地接受中原的传统政治文化，对儒家伦理道德全盘吸收，并以儒教思想作为治国之根本，另一方面又通过各种强制手段极力保护本民族的传统习俗。此阶段对女性服饰装扮习俗的规定颇多。比如，据传在清早期，孝庄太后将“有以缠足女子入宫者斩”的懿旨悬于神武门内，以警示满人。后来的乾隆皇帝对满族女性也有“断不可改饰”的禁令。因此，满人女性在服饰上坚持的旗装袍形象，是其面对曾经强大的汉人文化时的自卫和张扬，同时也是对本民族身份的认可和彰显。

五、清代满人袍服的审美

清代旗装袍造型硬朗、平直，不显露形体的自然美而重服饰图案装饰，正符合了中国传统儒家和道家美学思想。

汉人的儒家思想，在中国几千年以来的思想史上占有主流之地位。儒家“礼治”主义的根本含义为“异”，即使贵贱、尊卑、长幼各有其特殊的行为规范。只有贵贱、尊卑、长幼、亲疏各有其礼，才能达到儒家心目中君君、臣臣、父父、子子、兄兄、弟弟、夫夫、妇妇的理想社会。国家的治乱，取决于等级秩序的稳定与否。儒家的“礼”也是一种法的形式，它是以维护宗法等级制为核心，如违反了“礼”的规范，就要受到“刑”的惩罚。李泽厚在《华夏美学》一文中写到，“礼”既然是在行为活动中的一整套的秩序规范，也就存在着仪容、动作、程式等感性形式方面。这方面与“美”有关。所谓“习礼”，其中就包括对各种动作、行为、表情、言语、服饰、色彩等一系列感性秩序的建立和要求。因此可见“礼”之核心便是等级制度或曰等级秩序。而数千年来中国传统服饰的形制、颜色、纹饰、佩饰等都是儒教“礼”的核心内涵及等级观念的外在具体体现。满人袍服在款式上高度程式化，但对旗装袍形色、绣纹、数目都是按等级而分。其目的便是通过直观而鲜明的服饰等级标志，使每一个社会成员能够各处其位、各尽其职、循规蹈矩、安分守己，从而使整个社会“贵贱有级、服位有等”。

儒家文化提倡温文尔雅的“淑女”文化，满人袍服的另一个造型特征是将人体完全遮蔽。这种造型的旗装袍符合了传统的伦理道德和审美意识。纵观中国数千年的文明历史，中国女性一直受着“恪守妇道”“三从四德”的教育，这种伦理观念标准，致使除盛唐以外的历代妇女服装均采用直线条和宽松的造型，胸、肩、腰及臀部呈现出缺乏立体感的平面化形态。清代女性袍服刚好将人们的身体隐蔽起来，既可以锋芒不露，又可以掩饰怯懦。正如林语堂所言：“大约中西服装哲学上之不同，在于西装意在表现人身形体，而中装意在遮盖身体。”

图 28　清代后期女袍，东华大学服装及艺术设计学院中国服饰博物馆藏。该袍款式为立领大襟，衣身及衣袖十分宽阔。清代女装袍服采用直线剪裁，总体造型平直而宽松，将人体完全遮蔽。

在道家看来，天是自然，人也是自然的一部分。因此庄子说：“有人，天也；有天，亦天也。”天人本是合一的。但由于人制定了各种典章制度、道德规范，使人丧失了原来的自然本性，变得与自然不和谐。人类行为的目的便是“绝圣弃智”打碎这些加于人身的藩篱，将人性解放出来，重新复归于自然，达到一种“万物与我为一”的精神境界。道家“天人合一”的思维模式，把自然社会、宇宙人生中一切事物的发展变化，都看作相互联系、相互依存、相互作用、和谐平衡的有序运动，把实现“天人合一”当作整合天人关系的最高理想境界，追求人的身心自由。清代袍服宽大的直线剪裁，使人体在服饰之下极其自由轻松，受外物的约束少，即在人与服饰之间存在较大的所谓“内空间”，正是这种内空间的存在，使得人在穿戴服饰时，肌体本身不受约束，达到了“逍遥”之感，从而体现出道家讲求的人、服饰和环境和谐相处的宗旨，也体现了中国传统服饰中讲求服饰与人体之间的内空间，以求身体的逍遥之感的特点。以道家思想为指导，同时吸收诸子百家学说，融会贯通而成的《淮南子》一书则提出了“气为之充，而神为之使”的观点。中国审美文化中早有“美由气生”之说，此说应用于服饰上，则可以理解为人们在衣装打扮时，应该让服饰来突出人的本身的气质神韵，而服饰本身并不重要。至于服饰的具体形式，中国人历来认为无须太多变化。这种穿衣重在人之气的说法，似乎也可解释为何在清朝 200 多年中，京派旗袍的具体形式及细节并无多大变化的现象。

第三部分

Chapter-03

上海篇（1920—1949 年）

西化——洋场中的妩媚与时髦

上海位于太平洋西岸，是长江三角洲冲积平原的一部分，平均海拔为 4 米左右。由于纬度位置适中，又濒临大海，气候温和湿润，四季分明，属亚热带季风气候，其春秋较短，冬夏较长，日照充分，雨量充沛。古人曾把上海地形概括为：“南瞰黄浦，北枕吴淞，大海东环，九峰西拱，广原沃壤，尽境皆然。”在南宋咸淳年间，上海已是贸易港口。16 世纪中叶其成为全国最大的棉纺织手工业中心。到了明代，上海已经成为远近闻名的“东南名邑”。清代，其被辟为商埠，成为贸易大港。

开埠之前的上海，繁华程度远不如苏州、杭州等城市。而自 1843 年上海开埠以来，西方各国纷纷侵入上海，先是英国于 1845 年在上海建立租界，继而美、法也分别于 1848—1849 年在上海建立租界，后来英、美租界被合称为“公共租界”。整整一个多世纪，上海成了西方人眼中的“冒险家乐园”。随着上海租界的建立和商业中心城市地位的确立，其对外贸易迅速发展。由于便利的交通和内地大宗的丝绸和茶叶的出口，外国大部分的对华商品贸易经由上海中转，上海进出口贸易额迅猛增长，并很快就超过了其他沿海城市。到 20 世纪初期，上海由于其特殊的地理位置、社会环境和商业功能，吸引了大量的西方移民；频繁的中外交流，使它逐渐脱颖而出，并取代广州，成为中国最大的对外通商口岸，具备了成为中国时尚中心的社会条件和物质基础。最终上海成为中国的金融、经济、贸易中心，也是近代中国第一大通商城市、港口和国际大都会。1927 年 7 月，南京国民政府将上海辟为“特别市”，更说明了上海作为国家商业中心的特殊性和重要性。

近代大规模的移民涌入，使上海城市规模扩大，人口的大量迁移也促进了近代上海城市的繁荣。这个新的都市，较少受到传统礼教的束缚，更易接纳西方文明的影响，使得西方的文化及生活方式不断渗透到上海，一种新的城市文化开始酝酿，并最终形成了独特的海派文化。中国著名现代作家、学者许地山先生于 1935 年在天津《大公报》发表《近三百年来底中国女装》一文中有曰：“自海禁开后，‘京装’‘苏式’的权威便让‘上海装’夺去，南方的‘粤装’‘港装’也可看为上海装的一支派。所以近五十年来，上海实是操纵中国妇女装饰底大本营。”从宫廷中走出的奢华繁复的旗袍文化，在千里之外的另一个城市汹涌而起。上海最早出现的汉族旗袍，据说是由一批女学生所穿，她们在旗装袍原有的基础上，用蓝布制作成宽松的款式，衣长至脚面，与清末的旗袍相仿，但抛弃了繁琐的装饰。而后旗袍不断改进，最终形成了较为固定的模式，也就是我们今天所指的旗袍。

Unit-07

第七章 反传统的朴素旗袍（1920—1929 年）

发生在 1919 年 5 月 4 日的五四运动，是一场彻底的不妥协的反帝反封建的革命运动，标志着中国新民主主义革命的伟大开端，成为中国现代历史上许多重大事件的思想源头，它同时引发各种新思潮进入中国。同时，五四运动对近代女性服饰的影响明显，良好的政治思想、社会环境和文化观念促成了中国近代服装在 20 世纪二三十年代的繁荣景象。民国时期重要的女性期刊《妇女杂志》1921 年第七卷第九号的《女子服装的改良》一文写道："我国女子的衣服，向来是重直线的形体，不像西洋女子的衣服，是重曲体形的。所以我国的衣服，折叠时很整齐，一到穿在身上，大的前拖后荡，不能保持温度，小的束缚太紧，阻碍血液流行，都不合于卫生原理。现在要研究改良的法子，须从上述诸点上着想，因此就得三个要项：注重曲线形，不必求折叠时便利；不要太宽大，恐怕不能保持温度；不要太紧小，恐阻血液的流行和身体的发育。"由此看来，在 20 世纪 20 年代初期，社会上就有了传统服饰改革的呼声。文中指出了传统女子服饰的三个弊端，而传统旗装袍服就占其中的两个：一是没有曲线美的直线造型，二是太过宽大。20 世纪 20 年代的旗袍之革新便是从这两点开始：首先，改宽大的袍身为窄小，略显修身，并删繁就简；其次，在结构上虽然沿用平面裁剪，但将腋下与腰身部位略微收进，下摆略放，侧缝略微外斜，整体呈现修长的形态。

上海是民国时期中国最时髦的城市，也是旗袍时尚潮流的发源地。始于 20 世纪 20 年代的上海旗袍，从上海开始，进而传遍全国。张恨水 1924 年在《世界日报》上连载的长篇小说《春明外史》，以报馆记者杨杏园与妓女梨云、女诗人李冬青的爱情故事为贯穿线索，共著文字百万，人物多至 500 余，涉及的社会面非常广，是一幅 20 世纪 20 年代的北京风俗图。这幅北京风俗画中也多次出现对旗袍的描写，其中无论坤伶、妓女、太太、小姐，还是学生都爱穿旗袍，"街上跑动着的包月车上面坐着一个丽人，穿一件葱绿印度绸的旗袍，越觉得颜色鲜明"。其中对一件白纺绸旗袍的细节如此描述——"周身滚边，有两三寸宽。又不是丝辫，乃是请湘绣店里，用清水丝线，绣了一百只青蝴蝶"。从小说中所描绘的旗袍可以看出，此时北京女人的旗袍也是海派的，几乎看不到清朝旗女袍服的影子。20 世纪 20 年代，上海的旗袍时尚实际上已经传播到全国各地，一些时髦的北京女人也追逐于旗袍风尚之中。

图1　20 世纪 20 年代的广生行月份牌广告。画中是典型的中国园林风景，两位梳齐耳、齐刘海短发的少女，其中一位穿着马甲旗袍，一位则为倒大袖旗袍。此两款旗袍均为 20 世纪 20 年代的代表款式。

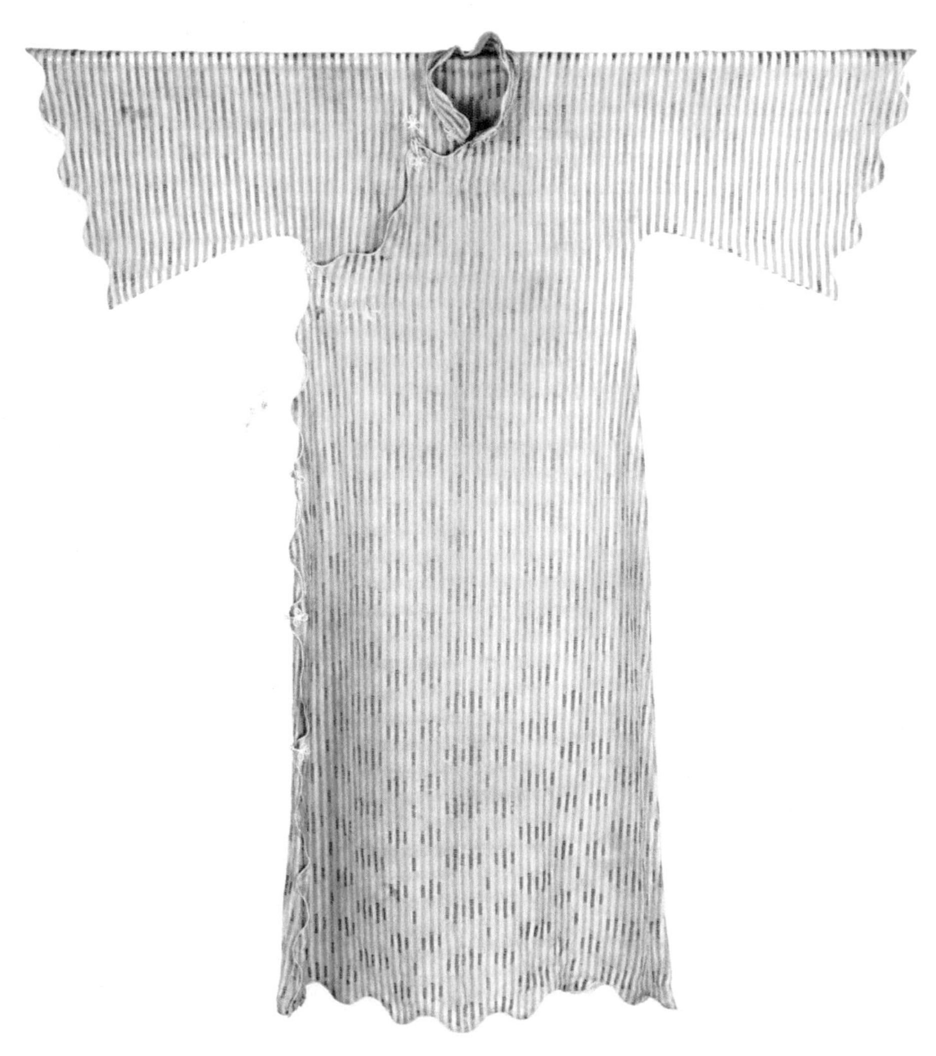

图 2　赭石色条纹纱单旗袍，东华大学服装及艺术设计学院中国服饰博物馆藏。此袍为右衽大襟，衣身腋下虽有收拢，但整体而言阔大宽松，袖子是 20 世纪 20 年代后期典型的倒大袖款式。

一、基本形制及变迁

1. 基本形制

20 世纪 20 年代旗袍的整体风格朴素、保守、简洁。外轮廓较为宽松，而长度较长，一般到脚踝。袍身较宽大，下摆宽，后期略微收腰。袖口宽大，呈倒喇叭形状。面料素雅，装饰工艺简单，只做简单的边饰，而没有繁复的镶嵌滚绣等传统工艺。穿着者开始为女学生等时髦女性，后期开始普遍流行。

2. 流行变迁

20 世纪 20 年代的旗袍经历了"暖袍"旗袍、马甲旗袍、倒袖旗袍三个典型阶段。

（1）"暖袍"旗袍时期

民国文人胡兰成在《山河岁月》中，记载了当时时髦的女性服饰。书中写道："民国初年上海杭州的女子，穿窄袖旗袍，水蛇腰，襟边袖边镶玻璃水钻，修眉俊目，脸上擦粉像九秋霜，明亮里有着不安。及至'五四'时代，则改为短衫长裙，衫是天青色，裙是玄色，不大擦粉，出落得自自然然的了。"因此，"五四"时代的时髦服饰并非旗袍，而是短衫长裙的学生式文明新装，旗袍乃老派的女人衣裳。对衣装十分在行的上海女子张爱玲在著名的《更衣记》一书中写道："1921 年，女人穿上了长袍……"而 1921 年上海出版的《解放画报》中《旗袍的来历和时髦》一文提到，"近日某某二公司减价期间，来来往往的妇女，都穿着五光十色的旗袍"。也就是说，在 20 世纪 20 年代初期，上海就已经出现了旗袍，而且是"五光十色"的旗袍。不过从以上文字，我们不难看出，人们对于这种长袍并未透出喜爱和赞美，而仅仅是一种对时髦服饰新品的出现而表现出的新奇和关注而已。同时期的媒体记载文字中也有将其称为"暖袍"的。可见，此时旗袍在上海的出现属老朽之物，颇让人惊奇，但其并不美观，基本上延续了清朝旗袍的宽阔式样，而且形态臃肿肥大，因而有了"暖袍"之形象比喻。旗袍在号称十里洋场的大上海终于登场了，引起了不小的关注，却并无我们今天所想象的惊艳。

（2）马甲旗袍时期

20 世纪 20 年代中叶，一种新式的旗袍诞生。与鲁迅同时代的民国文人、批评家成仿吾，曾经也关注女性的服饰时尚，并于 1926 年写道："现在他们为第一步的革命，先把旗袍的两袖不要，这是中华民国的女国民一年以来的第一大事业，第一大功绩。"以上文字虽不乏讽刺，却也是无袖旗袍在 1925—1926 年，于女性中兴起的有力佐证。上海的女性整整一年的"事业和功绩"，就是将旗袍的两袖大胆地去掉了。

图 3　在漫画家丁聪之父丁悚的漫画作品中，20 世纪 20 年代的少女穿的是宽大的旗袍。这种旗袍款式宽阔，形态略显臃肿肥大，因此有“暖袍”之称。

图4　1926 年 11 月 14 日刊登于《新生报》的香烟广告。画中绘有一男一女正在吸烟，其中的女性穿长马甲旗袍，梳盘发，脚穿尖头皮鞋。

人们并不单独穿无袖旗袍，而是将其穿在短袄的外面，其长度也较普通旗袍短一些，一般过膝盖 2 ~ 3 寸（6.67 ~ 10 厘米）。之所以出现这样一种颇为大胆的改革和奇特的搭配方式，应该是因为 20 世纪 20 年代旗袍与清代旗装袍的渊源联系。20 世纪 20 年代的旗袍基本上是清代直身而宽大旗袍的翻版，当其刚刚出现于上海这个时髦都市时，一度被称为“暖袍”，一般为北方人穿着。由这样一批清朝遗民所兴起的旗袍之风，难免会回过头去学学“老的式样”。从外形和风格上来看，马甲旗袍与清代女性的长袍加马甲搭配十分相似。里长袍外短马甲的搭配变成了里短袄外长马甲，从搭配效果上看相差不大，而下身又可将里面的裙、裤等省略，直接以长马甲蔽之，实在是方便省事了许多。

（3）倒袖旗袍时期

旗袍史上去除袖子的大改良动作，流行的时间并不算长，旗袍的袖子不久就再次被装上去了。1926 年，《新申报》中的广告多次出现了无袖马甲旗袍的广告美女。而到了 1927 年，广告画中的美女就都穿有袖子的旗袍了，且款式也有了一些变化。这种变化主要集中于以下两点：首先是倒喇叭形袖子的出现。曾经被去掉的袖子重新被装上，这样旗袍里面就不用再穿短袄了，穿着层次减少，穿起来方便而快捷，也正符合了 20 世纪 20 年代女性服饰审美的简洁之观念。其次是收腰技术处理的出现。20 世纪 20 年代末期，旗袍开始由直筒式腰身逐渐收拢。虽然左右两侧只有不到 1 寸（3.33 厘米）的收腰量，但从视觉效果上来看还是明显的，着装者的身体，尤其是腰部的起伏有一定的显现。

出生于 20 世纪 20 年代中期的女作家聂华苓在《三生影像》中如此回忆儿时的记忆：“汉口俄租界两仪街的三岔路口，有个上海理发厅。无论什么店，招牌上有了上海两个字，就时髦起来了。那理发厅出出进进的女人，打扮得也格外好看，高高的领子，喇叭袖子，旗袍两旁开一点儿小衩，衩口如意盘花，脚上是三寸空花高跟鞋。”聂华苓是湖北人，出生于武汉，这段关于汉口时髦女人的装扮记载，真实地道出了民国初年的倒大袖子旗袍的式样。这样开着小衩、盘着如意图案的高领大袖旗袍，虽然最初由上海女人兴起，但是由于上海乃全国的时尚风向标，汉口女人也照着上海的样子时髦起来。

20 世纪 20 年代曾经“老气”的旗袍，被时髦聪明的上海女人经过一番脱胎换骨的改造，最终成了时新之物，成了上海女人的最爱，并在全国各地流行开来。1929 年 4 月，民国政府制定《民国服制条例》，规定女子民国礼服两款：一为短上衣，单裙；二为长身旗袍。旗袍的装扮也终于名正言顺起来。

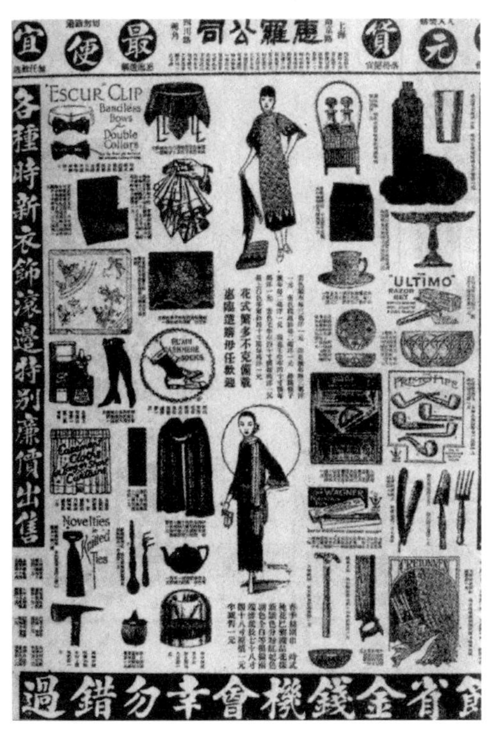

图 5　刊登于 1927 年 3 月 31 日《申报》上的全版广告，为惠罗公司的在售商品广告，其中各式洋货繁杂丰富。中间的两位女性则均穿着倒大袖旗袍，梳着传统发髻，脚穿时髦尖头皮鞋。

图 6　1927 年《北洋画报》上刊登的清故督张勋氏长女身穿倒大袖旗袍的照片。此袍宽大，上小下大，袖子从袖窿处逐渐变得阔大，为倒喇叭形。

二、典型整体服饰形象及搭配

构成女性旗袍整体形象的不止是旗袍本身，而且包括与之搭配的化妆、发式、配件以及其他服装，正是这些元素共同构成了旗袍的总体视觉形象。20 世纪 20 年代女性旗袍总体外观形象中值得一提的还有其独特的短衣、发型、鞋子等。

1. 倒袖短袄

20 世纪 20 年代，年轻的女性中流行一种后来被称为“文明新装”的服饰装扮。这种受日本女装影响的学生式服饰的特点是上身着短袄，下身着长裙，虽然也是上衣下裙的搭配，但是其与传统中国女性着装不同。张爱玲《更衣记》对此种服饰的描写为：“时装上也显出空前的天真，轻快，愉悦。‘喇叭管袖子’飘飘欲仙，露出一大截玉腕。短袄腰部极为紧小。”这种短上衣，腰部收拢以展示女性的腰身曲线。衣下摆较短并呈弧形，可将女性的臀部曲线展现。呈喇叭状的宽大袖子，又将女性手腕及下臂展露，这在当时可谓极其暴露、大胆、新奇的时装了。1925 年开始流行起来的马甲旗袍不可单穿，穿时里面一定要搭配相应上衣。受到当地最时髦的“文明新装”的影响，马甲旗袍内的短袄袖子也变成了倒喇叭形状。里面搭配的一般为短袄上衣。马甲旗袍的盛行时间极短，大约 1 ~ 2 年。1927 年开始，一度丢失的袖子又被找了回来，重新回来的袖子也选择了这种大胆而性感的倒喇叭形状。

2. 发型

20 世纪 20 年代的旗袍偶尔有一些时尚新鲜的小细节（收腰、倒袖等），但总体风格仍然是保守和素朴的。与素朴、简洁的女性形象搭配的发型也比较简单，甚至略显保守。此时流行的发式主要为传统发髻。这种发髻简单规矩，梳好以后纹丝不乱，爱美的女性喜欢将蝴蝶结或是素雅鲜花插于云鬓，所谓“茉莉太香香桃太艳，可人心是白兰花”也。而前额式样则有两种：一种前额光洁，所有头发全部往后梳，而后成髻，我们不妨称之为“传统淑女式发髻”。另一种则为前刘海式发髻，即前额有厚而平直的齐刘海，压过眉毛，可称之为“清纯学生式发髻”。另外还有一种流行的发式为短直发，长度齐耳，前刘海也是齐齐地盖于额前，是走在时尚前沿的所谓知识女性的发式，比如女知识分子、女学生等群体，也包括一些明星和名媛，总之是一批接受了西方观念的时髦女性。此时西方女性流行的也正是这种直直的、长度仅仅到耳际的清爽短发（宛如男孩一般）。

张爱玲的小说《五四遗事》描写了 1924 年青年男女的情感事件，开篇对两位女性的装

图 7　蓝灰底织锦缎倒大袖短袄，东华大学服装及艺术设计学院中国服饰博物馆藏。此短袄为立领窄身大襟，衣下摆较短并呈弧形。袖子为 20 世纪 20 年代流行的倒大袖，领口、门襟、下摆处均有机织花边装饰。

图 8　20 世纪 20 年代的月份牌广告画中再现了此时的两种典型发髻：一种将所有头发全部往后梳，前额光光的；另一种则留有前刘海，两边分别挽起两只圆髻。

图 9　20 世纪 20 年代月份牌中的美女都是鹅蛋脸，画中美女雪白丰腴，面若桃花，妆容自然而现代。穿旗袍，戴小金表和白色围巾，梳齐刘海式样的发式，是当时年轻女性最时髦的装扮。

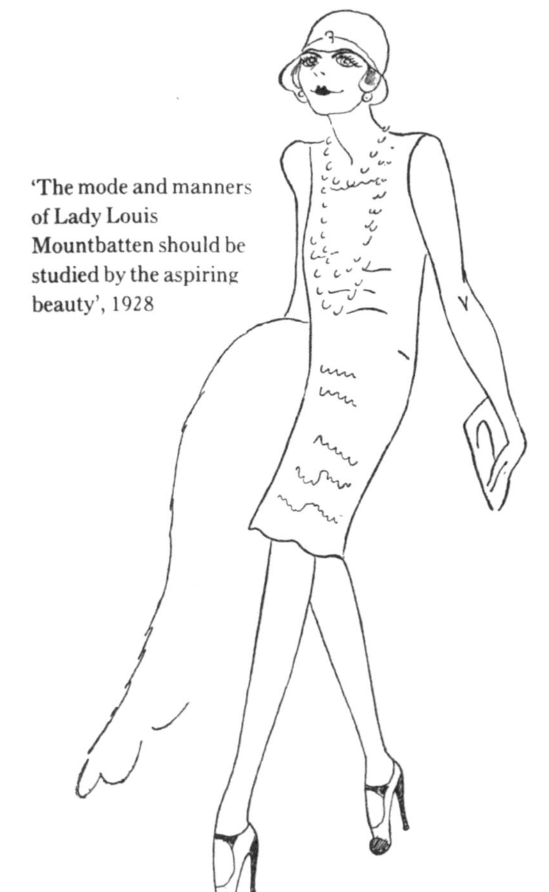

图 10　20 世纪 20 年代西方女性以像男孩一样的平板式身材为美，流行服饰的腰线低，整体呈“管状”。像男孩一样的短头发也一时成为时尚。这种不突出女性身体曲线的服饰也可看作 20 年代女性对性别解放的一种诉求。此画出自 20 世纪著名的时尚摄影师 Cecil Beation 之手，描绘了 20 年代的巴黎时髦女郎的装扮形象。

扮描写极具当时女性形象之代表——“密斯周的活泼豪放，是大家都佩服的，认为能够代表新女性。密斯范则是静物的美。她含着微笑坐在那里，从来很少开口，窄窄的微尖的鹅蛋脸，前刘海齐眉毛，挽起两只圆髻，一边一个。薄施脂粉，一条黑华丝葛裙子系得高高的，细腰喇叭袖黑木钻狗牙边雪青绸夹袄，脖子上围着一条白丝巾。周身毫无插戴，只腕上一只金表，襟上一支金自来水笔”。

3. 束胸胸衣

20 世纪 20 年代开放的民主风气已经让女性停止了缠足，但并没有停止束胸。因此也有人称此种现象为中国传统的女性之“平胸美学”，即使在洋派而开放的上海也是如此。此时的旗袍虽然已经不是清代旗装袍服，但与后来的改良旗袍相比，其革新之处还是很有限的，仍然是东方平面服饰技术的产物。不收胸省和腰省的旗袍，前衣片呈平板式，与束胸胸衣相配。在束胸的女性身体外穿上这样的旗袍，其整体的形态仍然是扁平的，传达出的女性形象有着一种纯真和清雅的气质，符合东方人传统的“无欲”思想。

4. 皮鞋

如果说 20 世纪 20 年代的旗袍本身还只是有些许西化萌芽的话，当时城市人民生活的其他方面则已经开始十分西化了。尤其在被称为“洋场”的上海，女性多穿着皮鞋，而非传统的布鞋。当然，此结论的得出，极有可能是由于能够留下影像的是非贵即富的非一般女性。不过，时尚潮流的主导者和发起者从来都是这样一批数量小，但影响力却不小的小众。因而我们至少可以认为，领导着时尚潮流的女性喜欢穿皮鞋，其式样与欧美流行款式几乎一致，都有着尖尖的鞋头，一般有根系带，鞋跟高度中等。这种穿旗袍、着新式皮鞋的女性形象正是中西结合的极好范例，也预示着不久的未来，旗袍的一系列西化革新。

5. 化妆

20 世纪 20 年代，“女学生”形象以卓然而立的身姿和脱俗的气质吸引人们的视线，成为新时代女性的新形象。此时新女性们在化妆上亦有新的举动，大都是以简洁淡雅、多元和实用为特征，妆饰成为显示个人审美情趣和消费水平的一面镜子。女性开始崇尚中西合璧的妆容，如细腻白皙的皮肤、弯弯的眉毛、玫瑰红的唇色、自然的唇形等，女性在化妆上已经注重自然之美。

图 11　1926 年刊于《北洋画报》第 40 期的电影明星黎明晖的照片。她穿着宽大的不显现身体曲线的旗袍，短短的齐耳短发，高跟皮鞋，这些都是当时新女性的时髦装扮。

图 12　1927 年第 22 期《良友》上刊登的“冬季新装束美”，绘有最新式的旗袍加外套的冬装图，其中装饰有毛皮边饰的外套与西方女性所穿的几乎一样。

三、旗袍与西方时尚

一战后由于男女比例严重失调，西方世界女性的社会经济地位得到改善，又一轮的女性解放运动开始了，新女性们从闺房走入社会。因此 20 世纪 20 年代后西方女性开始拒绝对躯体的束缚，开始从身体形象和服饰装扮上否定自身的女性特征而向男性看齐，这个时代也被称作“女男孩”时期。在这个崇尚平胸骨感的年代里，女性以小男孩似的身材为美。与平板式身材一致的，是平板式的忽略胸腰线的管状造型服饰。20 世纪 20 年代中期，这种男性化或平胸型的女性形象似乎已经达到了顶峰。没有腰身的直线造型将女性的身体曲线掩盖，宽腰身的直筒形服饰的特点是直线的外形和腰线的下降。这种呈几何形的简洁外形与当时装饰艺术风格所倡导的审美趋向一脉相承。另外受装饰艺术的影响，此时的西方服装上风格纹样多为色彩对比强烈的几何图案、花朵、藤蔓等。当时西方主流女性诸多典型的流行元素均在中国旗袍中有所体现。

在廓形款式方面，此时的旗袍为不强调腰线的直腰直线式外轮廓造型，与同时期的西方女装十分相似。甚至旗袍美女通过束胸后形成的扁平身体也与西方时髦的“女男孩”相似，构成了平胸、松腰、纤瘦的宛如少女般的旗袍美人形象。在图案及装饰方面，旗袍在纹样上和之前有较大区别。传统中国女性服装上的装饰多用工艺考究的镶嵌滚绣等传统手工工艺，而在 20 世纪 20 年代初期，思想的开放使得穿衣着装的传统礼仪限制有所减少，在服装上，人们趋向使用简洁的装饰方法，而不是费工费时的传统工艺。旗袍中运用了色彩鲜艳的色布和新奇的抽象几何纹样。这些大胆的配色和抽象的图案纹样，表明了人们对西方服饰的直接借鉴和模仿。另外，20 世纪 20 年代的西方流行女装由于受俄罗斯风格的影响，经常出现毛皮的边饰、领饰等装饰细节。无独有偶的是，这一细节也同样出现在中国旗袍中，在下摆、袖口等处以毛皮装饰，使得旗袍别具风情。

图13　20世纪20年代，西方女装由于受俄罗斯风格的影响，经常出现毛皮的边饰、领饰等装饰细节。而图中留着短发、平胸骨感的时髦女郎，穿着与平板式身材一致的管状宽松服装，追求一种宛如小男孩似的别样美感。

Unit-08

第八章 技术革命下的花样旗袍（1930—1939 年）

20 世纪 30 年代是旗袍的年代，不论地域特征，也不分年龄大小，全民皆着旗袍。初版印行于 1933 年的茅盾所著小说《子夜》，描写的是上海滩上的资本家生活。文中有段对丧服旗袍的描写：“雷参谋谦逊地笑着回答，眼睛却在打量吴少奶奶的居丧素装：黑纱旗袍，紧裹在臂上的袖子长过肘，裙长到踝，怪幽静地衬出颀长窈窕的身材……”从此段描写我们不仅可以看出当时旗袍袖长过肘、裙长及踝的款式特点，也可知当时连丧服旗袍都有了。

包铭新先生在所著《中国旗袍》一书中写道：“到了 30 年代末，又出现了一种‘改良旗袍’。所谓‘改良’，就是将旧有不合理的结构改掉，使袍身更为适体和实用。改良旗袍从裁法到结构都更加西化，采用了胸省和腰省，打破了旗袍无省的格局。同时第一次出现肩缝和装袖，使肩部和腋下都变得合体了。还有的甚至在肩部衬以垫肩，谓之‘美人肩’。”书中同时还指出，改良旗袍的出现，奠定了现代旗袍的结构。从此，旗袍彻底脱离了旗女传下的旧有形式，而已然成为全中华民族独具特色的“国服”了。也就是在此时，旗袍奠定了它在女装舞台上不可替代的重要地位，成为中国女装的典型代表。从技术工艺上来讲，20 世纪 30 年代的旗袍除了肩袖部分仍大多采用连身平直结构外，身片处理则大量采用西式造型方法，出现了前后身片的省道、长袖旗袍的腋下分割（开刀）等处理余缺的结构，使旗袍更加称身合体，这种变化正迎合了 20 世纪 30 年代女性开放的观念。从旗袍的外部形态看，此时的旗袍腰身收小，袖子变窄，下摆上升到膝盖，1932 年下摆逐渐下降，到 1934 年下摆及地，腰身更紧小，开衩高至臀下；1935、1936 年旗袍的开衩又降至膝盖，下摆又再次上升……总之，20 世纪 30 年代旗袍的样式在长长短短中变化。到 1939 年左右，由于胸省和肩省的运用，装袖和肩缝的出现，旗袍变得更加合体，曲线也更加突出，这也是中国女性形象的又一次重要变化。

此时旗袍的另一个特点是中西合璧。当时爱美女性的旗袍穿着方法是多种多样的，有局部西化，也有在旗袍外搭配西式外套。局部西化是指领和袖采用西式服装做法，如西式翻领、荷叶袖、开衩袖，还有下摆缀荷叶边，或缀不对称蕾丝等夸张的样子。大多数人喜欢将旗袍和西式服装搭配起来穿，比如在旗袍外穿西式外套、裘皮大衣、绒线衫、背心等，在脖子上系围巾或戴上珍珠项链。修长而收腰的旗袍配上烫发、透明丝袜、高跟皮鞋、项链、耳环、手表、皮包，构成了当时最时尚的装扮形象。

一、基本形制及变迁

1. 基本形制

20 世纪 30 年代旗袍的整体风格性感、时髦和优雅。腰身收紧，衣袖窄小，整体造型十分贴体，突出女性身体曲线。尤其改良后的旗袍外形更加合体而性感。袍身出现胸省和肩省，袖子和肩部出现了装袖、肩缝和垫肩。下摆长度呈现时长时短的流行变化趋势。侧面开衩较高。另外在领、袖等部位还出现了结合西式服装的细节设计，比如荷叶领、翻驳领等。旗袍上的装饰较多，尤其是缘饰方面又开始复杂讲究起来。面料十分多样化，其中阴丹士林蓝布一度十分流行。受到西方风格影响，比较流行的图案包括各种花卉、几何图案等，色彩鲜艳，花形大而自然立体。旗袍的整体形象搭配呈现了明显的“中西结合”之势。加入西式元素的时髦旗袍与高跟鞋、丝袜、卷曲的烫发以及各种完全西式的上装搭配，形成了 20 世纪 30 年代独特的女性装扮形象。

值得一提的是 20 世纪 30 年代流行的阴丹士林蓝布旗袍。这种风格素朴的素色旗袍一时间极其流行。抗战爆发后，据说有一次郭沫若应邀到由宋美龄女士担任指导长的“妇指会”演讲，并以当时大力推行的新生活运动——“简单朴素”作为演讲题目。郭沫若便以宋美龄的蓝布旗袍为例，讲到“你们看到的，我们中华民国的第一夫人——蒋夫人，身穿阴丹士林布的旗袍，足履布鞋。这在当今世界各国的元首夫人中，是绝无仅有的，蒋夫人身体力行，以身作则，从简单朴素做起，执行新生活运动”。此番话语虽然不免有奉承第一夫人之嫌，但也从一个侧面印证了阴丹士林蓝布旗袍的流行。

2. 流行变迁

20 世纪 30 年代，旗袍经历了早期的及膝旗袍、中期的及地旗袍和末期的改良旗袍三个典型阶段。

（1）及膝旗袍（1930—1931 年）

旗袍的长度在 20 世纪 30 年代最初的两年里，仍然沿袭 20 世纪 20 年代的长至膝部、袖长及肘的外形。《晶报》在 1929 年 5 月 9 日《销魂的袜铃》一文中说道：“近来上海女子的装束，旗袍以短为贵，还盖不住膝头，只能在大腿之半。”这种刚刚到膝盖的旗袍流行了数年，而后旗袍就又长了起来。

（2）及地旗袍（1932—1938 年）

从 1932 年到 1938 年，旗袍一直流行长款。尤其是 1934 年前后，旗袍的下摆无不衣边扫地，最短的也到小腿下部。同时，袍身的开衩逐渐提高到臀部，而后又开始逐渐降低。领的高度是先低后高，上有多粒纽扣。而后低领又卷土重来，甚至发展到无领。到了 20 世

图 14　全面旗袍的时期，小孩子的主要服饰也是旗袍。中国台湾画家薛万栋于 1938 年创作的胶彩画《游戏》中，玩球的小女孩们也穿花布短袖旗袍，旗袍款式宽松，立领较低，呈现出活泼的气氛。

图 15　20 世纪 30 年代流行的阴丹士林蓝布旗袍没有任何图案装饰，只是一抹蓝色，具有朴素之美感。但从其搭配的电烫卷发和高跟皮鞋来看，还是有些许的洋味。

图16 暗红色团花绸旗袍，东华大学服装及艺术设计学院中国服饰博物馆藏。此袍为右衽斜襟，袖子平直，袍长仅过膝盖，为20世纪20年代末或30年代初期的旗袍。

图17 海派旗袍的流行变化很快，比如下摆一会儿短，一会儿长，一会儿不及膝盖，一会儿又长达地面。此图为1933年及地旗袍刚刚开始流行之时，《北洋画报》上的讽刺漫画，以倒卷珠帘为题，讥讽此种及地旗袍的不方便之处。

纪 30 年代，袖子明显变得细长合体，同样先短后长再变短，最后发展到无袖。

关于及地旗袍的长度，在当时也曾颇有争议。《东方杂志》1935 年第 31 卷第 19 号刊登的《关于妇女的装束》一文写道：“有些妇女的装束，的确有点不合适，旗袍太长了，几乎到地上，行走很不方便，高跟鞋子的跟太高了，有点立不稳。有一回，闻说有一个女人从电车上下来时，长袍绊住了鞋子，一跤跌倒在车旁边，虽然没有被车轮碾着，但受了伤，送到医院里去了。”类似的情景也出现在张爱玲的小说《十八春》中：“翠芝今天装束得十分艳丽，乌绒阔滚的豆绿软缎长旗袍，直垂到脚面上。他们买的是楼厅的票，翠芝在上楼的时候一个不留神，高跟鞋踏在旗袍角上，差点没摔跤，幸而世钧搀了她把。”同样出自张爱玲的小说《花凋》里也有长款旗袍的记录，描写了 20 世纪 40 年代初期回国的留学生对早年及地旗袍的怀念。“这件旗袍制得特别长，早已不入时了，都是因为云藩向她姊夫说过，他喜欢女人的旗袍长过脚踝，出国的时候正时兴着，今年回国来，却看不见了。他到现在方才注意到她的衣服，心里也说不出来是什么感想，脚背上仿佛老是蠕蠕哕哕飘着她的旗袍角。”

（3）改良旗袍（1939 年以后）

所谓“改良”，就是将旧有不合理的结构改掉，使袍身更为合体和实用。改良后的旗袍改变了传统袍服中胸、肩、臀略显平直的造型，变得更加合体，体现出东方女性的曲线之美。改良旗袍从裁剪方法到结构技术，都更加西化，采用了腰省和胸省，尤其是衣身前后片的两个或者四个菱形的省道，彻底改变了旗袍的平面造型效果，使一片式的旗袍与人体贴合，塑造出女性完美的胸、腰、臀部位，以及此三个围度之间的过渡曲线。另外肩缝和装袖技术的引入，使旗袍的肩部、背部、腋下变得更为合体。改良旗袍的出现，奠定了现代旗袍结构之基础，对中国女子服饰的发展影响深远。

二、典型整体服饰形象及搭配

1. 西式上装

与旗袍搭配的外衣一般为各式的西式服饰，比如西式短上衣、西式长大衣、西式风衣、西式马甲等。这些西式上装从外形风格、款式廓形以及工艺剪裁技术方面来看，均十分西化，与同时代的欧洲女装几无大差异，比如都有圆浑的肩部造型、衣身结构为多片分割或有收省等。面料的使用也十分多样化，除了丝绸质地外，还包括毛呢、裘皮等。这样中西合璧的服饰搭配构成了 20 世纪 30 年代时髦女性的经典装扮。张爱玲在《更衣记》中也写道：“中国女人在那雄赳赳的大衣底下穿着拂地的丝绒长袍。”

2. 高跟皮鞋和丝袜

这两样不折不扣的舶来品，与旗袍相配更显得女子身姿绰约。此时流行的皮鞋款式以船形为主，圆头、浅口，鞋跟高度多样，从 1 寸（3.33 厘米）到几寸不等。20 世纪 30 年代的上海女人极爱高跟鞋，而 20 世纪初就传入中国的丝袜（当时称玻璃丝袜），与高跟鞋搭配，成为女子们最心仪之物。这种透明的玻璃丝袜让女人露出的大腿更加光洁顺滑，而高跟皮鞋会使女性身体更加高挑、修长，同时曲线更加玲珑。可以说高跟鞋、丝袜和旗袍的整体搭配，让各自的优势尽显，中国女性也更大胆、自信、美丽起来。

3. 饰品

时髦的女人会用不同的配件来搭配不同的旗袍。饰品的配备也是一应俱全，如耳环、项链、手镯、戒指、胸针等，其中珍珠材质最受欢迎。修饰脸型的耳环被大量采用，年轻女孩喜用长垂的款式，成熟的女性则多喜欢贴耳的耳环，风格稳重而典雅。手套也算是极为西化的东西。中国女性从前不戴这种纯装饰和礼仪性的手套，而此时则以戴手套为时髦。这样的手套搭配旗袍、西式外套、烫发和高跟皮鞋，活脱脱中西结合，又绝对别致而新颖。

4. 化妆

由于受好莱坞电影文化的冲击，20 世纪 30 年代中国女子的面部妆饰变得华丽浓重起来。此时流行的已不是传统美女的狭长丹凤眼，而是具有西洋情调的深目大眼，嘴唇也流行鲜红香艳的唇色。面如满月、身材丰腴、表情端庄的成熟女性形象风靡一时，反映出当时社会的审美情趣和人们的理想形态。此时化妆品已经进入女性的日常消费生活，各种欧美的进口化妆品在中国广为流行，如美国的蜜丝佛陀等，都受到了上海时髦女性的追捧。

5. 发型

卷曲的烫发与旗袍相配，形成了中西结合的新式时尚。“噱头噱在头上，蹩脚蹩在脚上”，这句口头禅反映出 20 世纪 30 年代上海女人注重整体形象的风尚。流行的烫发式样很多，如短波浪、长波浪、大小卷等，其中又以齐肩卷发最为常见，此发型多偏分在头顶三七分路，无刘海，且大多把鬓发别在耳后，或用发卡固定鬓发。当时女子打理头发多用发蜡，使头发卷曲固定。烫发最早是用火钳，随后就是电烫。随着烫发的流行，各种发网和帽子也时兴起来，尤其是贝雷帽、圆顶小礼帽。束发带、头花也颇受年轻女性的喜爱。

图18　20世纪二三十年代的旗袍时髦搭配方式，包括西式翻驳领的上衣或毛线针织衫，冬天则搭配裘皮大衣和手笼。时兴的面料是花布、条纹和阴丹士林布。

图19　20世纪30年代第43期《良友》封面上，年轻的女子留着电烫式的卷曲短发，发型是无刘海的三七分路，鬓发别在耳后，露出耳朵，高高的旗袍领子外佩戴大粒的珍珠项链。

图 20　20 世纪 30 年代西方女装整体特点是风格典雅，设计突出胸部、腰部和臀部。手套和皮夹式手袋是必备的配饰，这两种饰品也成了当时中国时髦女性穿旗袍时的流行饰品。

图 21　20 世纪 30 年代的月份牌广告画中的美女梳着电烫的短发，手上戴着白色的手套，夹着小巧的皮夹式手袋。除了一身大花朵图案的传统旗袍，其他都是西化的，与西方女郎几乎没有差别。

三、旗袍与西方时尚

从 1929 年到 1933 年为期四年的经济危机，使西方各国遭受了严重的经济损失，已走上社会的女性又被迫回到家中，女人要有女人味的传统观念重新抬头。扁平体形不再时髦，取而代之的是凹凸有致的身材，人们转而追求更加具有女性味道的时装。成熟、优雅成为 20 世纪 30 年代西方女性的时尚潮流，此时的西方女性多穿胸部带有装饰的紧身上衣搭配直身的长裙子，腰部纤细配以腰带。化妆则突出面部五官的立体式化妆，眼睛和唇部明艳而性感。手套和帽子是成熟淑女的必需配置，头发则要烫成典雅的长波浪式样，额头没有刘海，直接裸露出光洁的皮肤。

西方女装的这些新特点也影响了上海女性的旗袍风尚。20 世纪 30 年代，旗袍在轮廓线型上一改以往的直腰直线式，为收腰曲线式。外形由宽大直筒直接过渡到了合身适体，同时西式裁剪技术的应用也使旗袍看起来更加立体，从而迎合了上海女性的时尚要求，也与西方女性的新时尚形象一致。这样的旗袍更好地展现女性凹凸有致的身体。图案方面也受到了当时西方艺术风格的影响，如迪考风格，色彩艳丽、花形大而立体的花朵图案十分盛行，几何条格纹样也十分流行。另外旗袍外多加穿西式外衣，如在旗袍外穿大衣、西式外套。这样的搭配令旗袍更加方便地适用于各种场合。

四、旗袍技术与工艺的大革命

西方人在衣着方面不单注重形式的美观，更重视人体的固有结构，认为人体的美就像自然界中所有美的事物一样，是合理的、可欣赏的，充满了审美价值。这种以人体为基础的衣着观念，贯穿于西方的服饰发展历史。在中国的新文化运动时期，也有人提出了“人的文学”的主张，提倡在文化领域把发现人、讲人性、讲人道当成首要任务。但是从技术层面而言，以平面裁剪为核心的中国传统服饰，无法达到对人体美的展示效果，因此西方服饰技术的引入成为必然。20 世纪 30 年代末期，出现了加入诸多西式服饰技术的改良旗袍，使得传统的中国旗袍呈现出西方服饰的性感之美。张爱玲在《更衣记》中对此种旗袍的评价是：“要紧的是人，旗袍的作用不外乎烘云托月，忠实地将人体轮廓曲曲勾出。”改良旗袍之改良，体现在服饰技术方面主要有两点：其一是省道技术的引入和合理应用，其二则是肩部和袖部的技术处理。

西方服饰的省道技术出现于中世纪的哥特时期。当时的服饰在服装裁剪方法上出现了新的突破，出现了“省”（英文称“dart”），使服装从原来平面的前后两片叠合的二维

图 23 印花纱单旗袍，东华大学服装及艺术设计学院中国服饰博物馆藏。此旗袍为立领、短窄袖，领口、门襟处有六粒盘香纽，并有滚边装饰。面料印花为色彩艳丽的大朵花卉图案。

图 22 深蓝色印花旗袍，东华大学服装及艺术设计学院中国服饰博物馆藏。面料为深蓝色质地，印有白色抽象团圈图案。

图 24　黑地彩菊织锦缎旗袍，东华大学服装及艺术设计学院中国服饰博物馆藏。此款为改良旗袍，袍身前后各有腰省一对，肩部采用肩缝，腋下部位有一定的收量。经过改良以后的旗袍更加突出了女性的身体线条之美感。

空间构成方法中脱离出来，服装由平面性的结构转变成追求三维空间的立体结构。省道使服装更加适于人体，从而构成了传统服装所不曾有过的立体效果。东、西方服饰在外部造型上的异同，从技术上来说，就是归因于省道的应用与否。改良旗袍在衣身上引入了胸省和肩省，从而使旗袍的腰部和背部造型更加贴合人体。也就是说旗袍从正面、侧面和背面来看，都是玲珑有致，可以突出女性的身体线条之美。其主要原因是腰部侧面收省道，人体正面和背面视觉效果好；衣身前面两边收菱形省道，则人体侧面的前部视觉效果好；衣身后面两边收菱形省道，同时肩部收两个肩省，则人体侧面的后部视觉效果好。于是旗袍在三维空间的立体结构便展现出来。

同样重要的还有肩部和袖部的线条美感。在中国传统服饰技术中，肩部和袖部造型的余量较多，这也是由传统平面裁剪技术所致。平面裁剪时，这些运动量较大的部位只有通过加大尺寸来达到其运动要求，而一旦达到了运动要求，这些部位在人体呈静态时便会出现较多的余量，从而在很大程度上影响美观性，当然就更无法达到贴体的造型程度了。为了解决肩部和腋下的余量问题，改良旗袍在肩部和袖部的技术处理上主要采用了肩缝（斜肩分片）、装袖（分片配袖）、腋下收量以及装垫肩等方法。此后这种改良结构被广泛应用到短袖和无袖旗袍的结构设计中，使旗袍的肩、袖部造型愈加合体。正是由于以上多项技术的全面引入，旗袍才可以淋漓尽致地体现女性身体的曲线美，这种展现是全面的、多方位的，即无论是从正面、背面和侧面，还是从肩、颈、背、四肢等部位来看，旗袍都是合体的。而旗袍与西方的连衣裙相比，在裁剪技术上又有不同，即它始终保持了上下不分裁的一片式。也就是说旗袍因为没有腰部的横向分割线条，而呈现出上下浑然一体的形式美感，具有一种未被分割和未受干扰的整体性和整体美。

图 25　20 世纪 30 年代月份牌中的旗袍美女拥有凹凸有致的曼妙身材，这也是旗袍在技术上革新后才可能有的外观穿着效果。另外图中的旗袍还改单襟为双襟，款式别致。

Unit-09

第九章 简洁与现代化的时尚旗袍（1940—1949 年）

20 世纪 30 年代，曲线玲珑的旗袍形象已然成为中国女性的形象典范，即使战争的爆发也无法改变，只是在物资匮乏的年代，旗袍风格和细节日趋简洁，在款式上更趋于现代化。旗袍的样式简洁实用，长度在小腿中部和膝盖之间。领子变成可拆卸的衬领，不仅更加挺括，而且方便清洗。袖子也逐渐由短袖变成无袖，形成抗战时期旗袍轻便的鲜明风格。抗战胜利以后，简洁的美国时尚开始显山露水，不过在装饰细节简单化的同时，人们在制作工艺上则引入了很多新鲜的东西，比如各种铜制拉链、揿纽被运用到旗袍工艺中，垫肩的加入则更加突出了女性的肩部。这些新设计的应用不仅使旗袍更加贴体，同时也使旗袍越来越呈现出便捷而简单的现代感。

图 26　拍摄于 1947 年的电影《鸾凤和鸣》的剧照。图中的男性西装革履，而一左一右的两位女性则是一中一西的服饰装扮。一位穿着与西方女性同步的西式格子纹裙子套装，而另一位则是无袖的花旗袍。不过，两位女性除了衣服不一样外，脸上的化妆、前额高耸的电烫卷发却是一模一样。

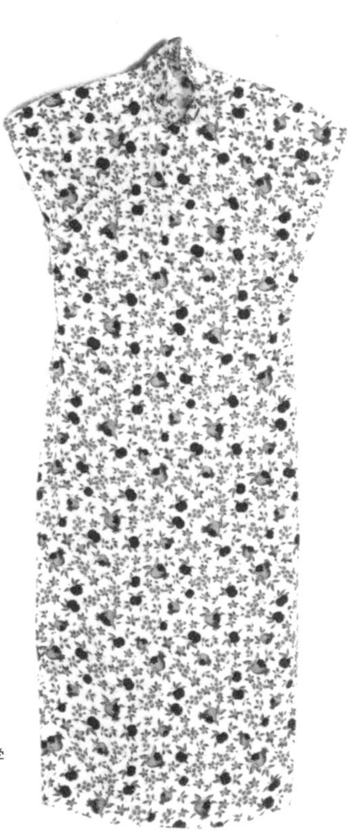

图 27　黄地印花布旗袍，东华大学服装及艺术设计学院中国服饰博物馆藏。此旗袍为立领圆肩无袖款式，前片胸部收有胸省，领口内有暗纽，侧门襟装有拉链。

一、基本形制及变迁

1. 基本形制

20 世纪 40 年代，旗袍的整体风格是简洁、方便、优雅，更加现代化。整体造型较贴体，袖子也逐渐由短袖变成无袖，下摆长度在小腿中部和膝盖之间，领子高度降低。旗袍面料较以前单一，主要为国产面料。装饰较少，省去一些繁琐的装饰。制作工艺上引入各种新鲜手段，比如拉链、暗扣、暗钩等等。

2. 流行变迁

20 世纪 40 年代的旗袍流行变迁，可划分为战争期间和战争后期两个典型阶段。

（1）战争期间（1940—1945 年）

战争期间旗袍的主要特点是比较短，这种长度上的变化，实际上有着非常实用的作用，女性们的步伐可以更加轻快而自如。1940 年 1 月 8 日的《晶报》写道：“欧女以袜薄诱惑异性，华女之服饰具诱惑性者……近来旗袍无不尚短，仅及腿弯之际，两腿外露。”

（2）战争后期（1945 年以后）

20 世纪 40 年代中后期，旗袍的主要特点是衣领比较低，下摆也比较低。这种简洁、实用的旗袍开始出现了许多新鲜的玩意，这主要是受到美国的新式科技和新式生活观念的影响。20 世纪 40 年代中期，西式女装中的重要配件拉链出现于旗袍之中，此时的旗袍开始大量使用新式的时髦配件，以拉链为代表，还有暗扣、暗钩等。旗袍的现代化，还包括面料和装饰越来越多样化，以及典型元素的变异。此时的旗袍对被视为旗袍典型元素的立领、开衩、盘扣等开始了灵活的应用和取舍，比如出现了没有立领、没有开衩的旗袍。旗袍形式感的减弱，预示其更加现代化和具有更强的实用性。

二、典型整体服饰形象及搭配

1. 毛绒衫

20 世纪 40 年代，手织毛绒衫的编织与穿着流行一时，包括毛线背心、坎肩和毛线外套等，家家户户女子都会织毛衣。毛线衣最适合穿在旗袍外面，保护心背，穿脱方便，既休闲又庄重。穿着旗袍时，外面的毛绒衫可长可短，袖子可有可无（即长袖开衫或者背心）。不过比较多的为对襟开衫，对襟开衫可以敞开亦可以扣上。套头式样的毛绒衫则比较少见。

图28　出版于20世纪40年代的第18期《永安》月刊封面。此时的女性旗袍以简洁而朴素的风格为尚，顺应了战时的整个社会背景。此款旗袍面料图案简洁，领口、袖口及门襟处滚边装饰极为窄细，另外一个显著特点是立领高度降低。

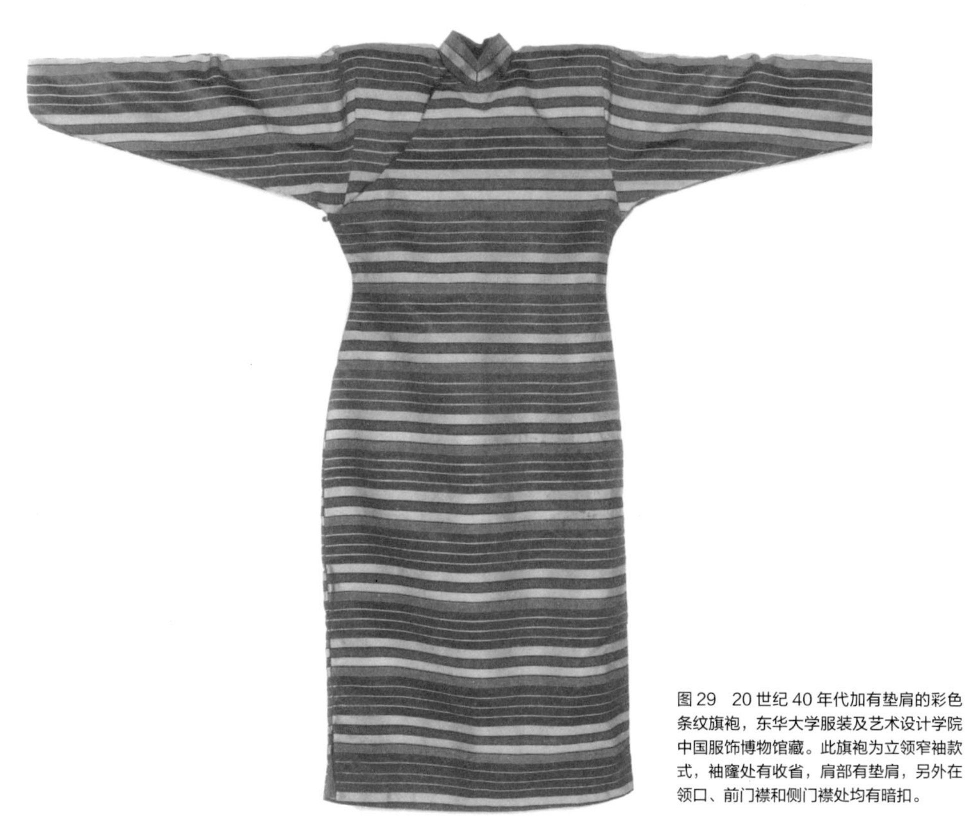

图29　20世纪40年代加有垫肩的彩色条纹旗袍，东华大学服装及艺术设计学院中国服饰博物馆藏。此旗袍为立领窄袖款式，袖窿处有收省，肩部有垫肩，另外在领口、前门襟和侧门襟处均有暗扣。

图 30　此图为 1940 年第 161 期《良友》画报上，两位身穿无袖旗袍的女性正在织毛绒衫。

图 31《良友》1940 年第 154 期封面。此时旗袍呈现出明显的简洁、实用之式，装饰比较少，搭配全包式厚底坡跟皮鞋。

图 32　厚底方头全包式皮鞋在 20 世纪 40 年代广为流行。此图为 20 世纪 40 年代英国著名鞋业公司的熊猫牌皮鞋广告。这种厚厚的坡跟皮鞋，款式方头方底，比较男性化，看起来结实厚重。

图 33　1941 年第 165 期《良友》画报中的旗袍女性写实照片。这时的女性开始流行长长的披肩卷发，前刘海尤其高，旗袍一般为无袖款式，整体造型比较宽松。

图 34　旅法中国女画家潘玉良 1943 年所作的自画像。图中的她身穿绿地黄花旗袍，手持中国折扇。

毛绒衫与旗袍搭配所构成的女性服饰形象，具有温柔和朴素的婉约之美，也顺应了20世纪40年代简洁大方的女性典型形象。

2. 皮鞋

不仅旗袍的流行款式一直在变，与旗袍搭配的其他服饰也处于不断的流行变迁之中。20世纪20年代，旗袍与尖尖的鞋头、有一根系带的细跟皮鞋搭配，鞋跟高度中等。20世纪30年代，皮鞋款式以船形为主，圆头、浅口，鞋跟高度多样，且多采用多色或者多种皮质拼接而成。20世纪40年代，搭配的皮鞋有些男性化。普遍流行的皮鞋为方头方底的式样，鞋子前面采用全包式，后面则是方形的坡跟，一般前有系带。

3. 化妆

时髦女子化妆是必不可少的。20世纪40年代，妆容流行特征并不十分明显，只是更加淡雅简洁，原先娇艳的化妆美容方式只限于富贵家庭中的女性。20世纪40年代流行自然、柔和、弯曲的眉形，此眉形纤细而高挑。浓重的眼妆不再流行，只是强调艳丽饱满的唇部线条。在化妆品方面，已经出现系列产品和品牌意识。生产方式由手工作坊变成现代工厂，生产原料由天然采集变成化学调配，由此诞生了一批百年老字号，如雅霜、百雀羚等，流传至今。

4. 发式

20世纪40年代的女子发型，较20世纪30年代显得更加亲和、随意，这时女性开始流行长长的大波浪披肩卷发，刘海尤其高。额上的一部分头发被夸张地高耸前冲，由于当时没有定型水，高耸的头发极易松软垮塌，爱美人士不惜在头发里面垫上棉花。

三、旗袍与西方时尚

在被第二次世界大战战火笼罩的20世纪40年代，西方服装的款式和设计都有了很大的变化。战争时期，西方女性的形象不可避免地呈现出中性化趋势，刚毅、坚强的女性撑起了大半边天。果敢、健康的女性穿着军装或制服，军装或制服成为最时髦的装扮。而一旦战争结束，人们的审美观点就立即回复传统，性感、成熟的传统女性美成为主流。与此相对应的则是面部化妆的妩媚和服饰的性感。法国时装大师迪奥（Dior）适时地推出了一种全新的服装款式，其特点是平缓的自然肩线，收紧腰部，裙子宽阔、大摆、长至小腿。

图 35　20 世纪 40 年代西方女性的典型形象：金发碧眼、性感而大胆的长发女郎。垂至肩部的大波浪卷发、边分式头路、丰满性感的唇形，尤其突出眉弓的眉形。

图 36　著名电影明星周璇 20 世纪 40 年代的照片。她身穿通身有花卉图案的无袖旗袍，而及肩的大波浪式发型也是当时西方最流行的式样。

这种服饰整体外形优雅，非常有女人味。

二战期间，女性的着装简洁化了，而面部化妆却没有因此而简化。此时化妆的重点在于展现青春的靓丽，眉形要画得稍显弧形，略略上挑。曾经有一阶段流行轮廓分明的红唇，而后被典雅的淡妆所取代。清新简洁的杏仁眼形成为当时的流行妆容。鲜亮的唇膏和指甲油是女性彩妆的必备品。与 20 世纪 30 年代的短卷发不同，此时西方女性中流行的发型是大波浪的烫卷，长度一般到肩部以下，前额顶部用发胶固定高耸。还有一种流行发式，也是长长的大波浪，一侧的一缕卷发侧垂而下，遮住一只眼睛，有一种神秘的女性味道。同样由于战争的影响，已成为全民服饰的旗袍在此时也无法继续时髦和讲究下去。战争期间，大多数人无心在服饰上下过多功夫，经济萧条，物资匮乏。就像西方女性优雅的长裙被截去了一样，20 世纪 40 年代初期，旗袍不复 20 世纪 30 年代衣边扫地的奢靡之风，长度缩短至小腿中部，高度到膝盖处。不过这种因为简洁和朴实而改变的长度，也成就了旗袍的性感，此时的旗袍因此更加暴露，更为合体，更加勇于展示女性的身体。比较有趣的是女性的发型，从流行传播速度和广度来看，发型似乎比服装更快和更广一些。20 世纪 40 年代时髦的中国女性穿着装饰越来越少的旗袍，而头发的花样却还是讲究如故，大大的波浪长卷发，前额顶部用发胶固定高耸，露出漂亮的前额，与当时法国最新杂志里的广告模特一模一样。

Unit-10

第十章 海派旗袍的形成与发展

一、海派旗袍的形成及特点

包铭新先生在《20 世纪上半叶的海派旗袍》一文中，曾经指出“清末旗女之袍与民国旗袍的主要差别有三点。1. 旗女之袍宽大平直不显露形体，民国旗袍开省收腰表现体态或曲线。2. 旗女之袍内着长裤，在开衩处可见绣花的裤脚；民国旗袍内着内裤和丝袜，开衩处露腿。3. 旗女之袍面料以厚重织锦或其他提花织物居多，装饰繁琐；民国旗袍面料较轻薄，印花织物增多，装饰亦较简约”。他同时提道：“海派旗袍是民国旗袍的典型。如果我们再胆大一点，我们还可以进一步假设，现代旗袍或狭义的旗袍，就是海派旗袍。因为，在一般人的心目中，旗袍两字所引发的联想或意象，就是 20 世纪三四十年代的海派旗袍。”可见，20 世纪三四十年代民国女性所穿着的海派旗袍与清宫中流行的袍服，虽然有渊源，但无论从外形轮廓、款式细节，还是整体搭配来看，都有一定的差异。民国时期开放的社会风气，以及上海独特的人文和地理环境，孕育了 20 世纪二三十年代女性服饰奇葩——海派旗袍。

图 37 1933 年第 933 期《北洋画报》上刊登的寿德记时装广告中，不仅绘有美女旗袍，还写到了可用的各种面料。

受外来思潮的影响，20 世纪二三十年代上海女性纷纷走出闺房，奔向社会，投身于商业、手工业、教育业、娱乐业甚至官场等，并频繁地出入交际场所，女性社会角色的转变必然使得女性的服饰发生变革。另外，民国时期各大城市与外界的频繁交往，使得当时的欧美时尚风潮数月后就流行到上海。正是这种“中体西用”“西学东渐”造就了当时的海派旗袍文化。海派旗袍变迁的完成期是20世纪30年代，其款式特点在于对传统式样与西式服装的兼收并蓄。受欧美女装廓形的影响，其造型纤长合体，外形上已完全脱离了满族旗袍的局限，强调女性胸、腰、臀三位一体的曲线造型，整体造型上以突出女性身体的曲线为主。旧式的大襟和繁琐的装饰逐渐消失，为细致精巧的装饰所取代。同时流行款式变化非常快，开始出现时装化旗袍。旗袍与西式外套、西式配饰的搭配是海派旗袍的又一大特色。流行的旗袍除两边开衩外，前后也可开衩，并出现了左右开襟的双襟旗袍。旗袍的局部也开始采用西化装饰风格，比如荷叶领、翻驳领、荷叶袖等，有的下摆还缀上不对称的荷叶边饰。同时由于国外纺织品的大量进口，使得旗袍的面料也逐渐丰富起来，从传统的各类绸缎、丝绒、绉纱及棉织物，到从国外进口的羽纱、天鹅绒、白灰布、印花布、毛哔叽等呢类、纱罗、镂空织物和半透明的材料，应有尽有。总之，20世纪30年代海派旗袍种类既稳定又变幻无常，袍身的长度、立领的高低变化来回更迭，稍不留神便会落伍。

20世纪30年代的上海已经成为一切时髦之物的中心，更有所谓“东方巴黎”的美誉。上海以其不同于中国其他地区的“海派”风格，成为左右中国服饰流行的时尚中心。海派旗袍修长适体，迎合了东方女性玲珑、含蓄的身材特点，也因此在上海滩迅速风靡，并由影视界、商人、买办以及娱乐场所女性等迅速传播到全国各地。

二、海派旗袍的流行与传播

20世纪的上半叶，上海是当仁不让的全国时尚中心，几乎所有的时髦玩意都起源于上海。这当然是因为上海的天时、地利、人和，成就了这个城市独特的时尚创造力，使其一举成为新潮事物的摇篮。而作为当时中国城市女性最普遍穿着的服饰——旗袍，其各种流行潮流，也正是在上海这个城市不断地产生，一波又一波，让人眼花缭乱，应接不暇，然后又从上海传播到全国各地，甚至亚洲其他地方。

上海旗袍潮流不断产生，又不断地向外传播开来，还有赖于20世纪上海空前活跃的媒体。海派旗袍的发展在很大程度上离不开这些新兴媒体的推广和呐喊助威。各种出版物上刊载着各种博览会、选美大会、时装展示会的发布报道和衣着光鲜的电影明星、名媛的照片，以及月份牌广告上的完美女郎。这些形象大多数都是以身穿旗袍而示人的。其次就是电影，每一部新戏上演，其中电影明星的服饰都可以带动一阵潮流，女人们争先恐后地奔向裁缝铺，模仿女星的款式定做旗袍。

图 38　国外纺织品的大量进口使得旗袍的面料也逐渐丰富起来，如从传统的各类棉、绸缎、丝绒，到从国外进口的羽纱、天鹅绒、毛哔叽等。此图为 1930 年 9 月《时报》上刊登的大丰绸缎局的大减价广告，画面上绘有各式时髦的秋冬女装，有旗袍，还有西式的连衣裙和单裙。

图 39　原载于《良友》画报 1930 年第 52 期。图中为参加国货时装展览会时装表演的女学生们。此时的旗袍流行短款，中袖，衣身没有省道，袖子腋下余量较大，属于改良前的旗袍。女学生们留着一色的短发，且大多数是电烫的偏分式样，这种发式在整个 20 世纪 30 年代都很流行。

1. 海派旗袍与海派小报

以娱乐、文艺为主要报道对象的小报，自晚清产生，到 20 世纪二三十年代在中国各大城市几乎都有出版，但尤其以印刷业发达、现代都市形态较完备的上海最为集中。而所谓小报的概念，1943 年 1 月 16 日《申报》中的《解释取缔小报标准》一文中，便指出“所称小报，系指内容简陋，篇幅短少，专载琐闻碎事（如时人轶事、游戏小品之类），而无国内外重要电讯记载之类报纸”。当时中国市场上存在着多达 113 种文艺期刊，主要为通俗性期刊，其中大部分在上海出版。据统计，上海小报总数曾经达到千种以上。20 世纪 20 年代是上海小报发展的鼎盛时期，仅在这十年中创刊的小报即占总数的四分之三左右。这类小报由于以消遣游戏为主旨，把上海这个东方大都会中五光十色、角角落落的东西都一一展示出来，因而受到读者的热烈欢迎。就连民国才女张爱玲也曾说道：“我对于小报向来并没有一般人的偏见，只有中国有小报；只有小报有这种特殊的、得人心的机智风趣——实在是可珍贵的。我从小就喜欢看小报，看了这些年，更有一种亲切感。”上海小报尤其受到都市女性读者的喜爱，据统计，20 世纪初女子报刊的数量多达 40 余种。而其中对女性时尚生活影响较大的包括《良友》《玲珑》《妇女杂志》《文艺画报》《申报》《紫罗兰》《时代漫画》《新家庭》《大众画报》《幸福》等。这些所谓的小报也都辟有“服装专栏”，介绍各种新式服装，有的还请画家为其设计服装。旗袍作为当时女性最主要的服饰，当然也是最热门的重点目标。比如关于要不要穿旗袍、要不要打倒旗袍、穿怎样的旗袍等问题，都成了小报争论的热门话题。1926 年，上海出版的《良友》画报第 2 期上，刊登一篇名为《孙传芳禁止女子穿旗袍》的文章，其中写道：“曾几时何，女子之衣长袍大袖，堂堂表表，伤风败俗者何。竟而孙总司令又以此为败伤风化，下令禁穿。然而女子之服装何者为适应。吾不得而知。”此文以讥讽的笔调讽刺了“在上者”以为旗袍有伤风化的论调。又比如 1926 年 3 月《晶报》对旗袍问题进行为期数天的连续讨论，发表的文章包括《我是反对穿旗袍的人》（《晶报》1926 年 3 月 6 日），《我是赞成穿旗袍的人》（《晶报》1926 年 3 月 9 日），《我也反对旗袍》（《晶报》1926 年 3 月 12 日），以及《旗袍问题的终结》（《晶报》1926 年 3 月 15 日），等等。如此看来旗袍问题是小报的报道热点，其讨论也真可谓热闹。

1926 年 2 月创刊的《良友》是一本图画杂志，创刊号封面便是红极一时的电影明星胡蝶，其共发行了 7000 册。在发行的 20 年间，《良友》以 8 开本刊行，共出了 172 期。这本图画杂志（俗称画报）一开始就以精湛的摄影技术、先锋的时尚概念、丰富而及时的国内外社会文化信息，迅速取代老派的《点石斋画报》等，成为当时中国最为重要的、最有影响力的画报。《良友》是一本以图取胜的画报式杂志，它对当时女性的影响是惊人的，这种将公众人物作为封面的做法，给杂志带来了一种现实感，起到了互动宣传的作用。前

图 40《良友》是民国时期最具有代表性的女性期刊之一，封面不是明星，就是名媛，且大部分都是穿着旗袍的。

图 41《永安》月刊 1939 年 5 月 1 日创刊于上海，至 1949 年 3 月 1 日终刊，共发行了 118 期。它虽由当时上海的商业巨头永安公司发行，却是一份综合性女性生活类期刊。与同时期的其他海派刊物一样，其封面也大多采用名媛、明星照片。图为 1942 年发行的第 34 期《永安》月刊，封面为当时的明星周璇。

期杂志封面按当时鸳鸯蝴蝶派杂志惯例，登载电影女明星胡蝶、黎明晖等的近影，后来封面改用知名女性或大中院校的“校花皇后”，如徐志摩夫人陆小曼等。《良友》惯以摩登的现代女郎肖像作为封面，这些封面女郎有着美丽的容貌、穿着最新潮的旗袍。随着《良友》发行量的增加，这些穿着旗袍的时髦女郎走遍了中国各地，甚至在海外的华人当中，上海的旗袍时尚也流传开来。

另外，当时中国时髦、洋派的都市小报，也特别热衷于对西方时尚的报道。这些报刊也成为上海时髦女性获得西方流行的一种渠道，促成了西方流行服饰元素对当时流行旗袍的影响。

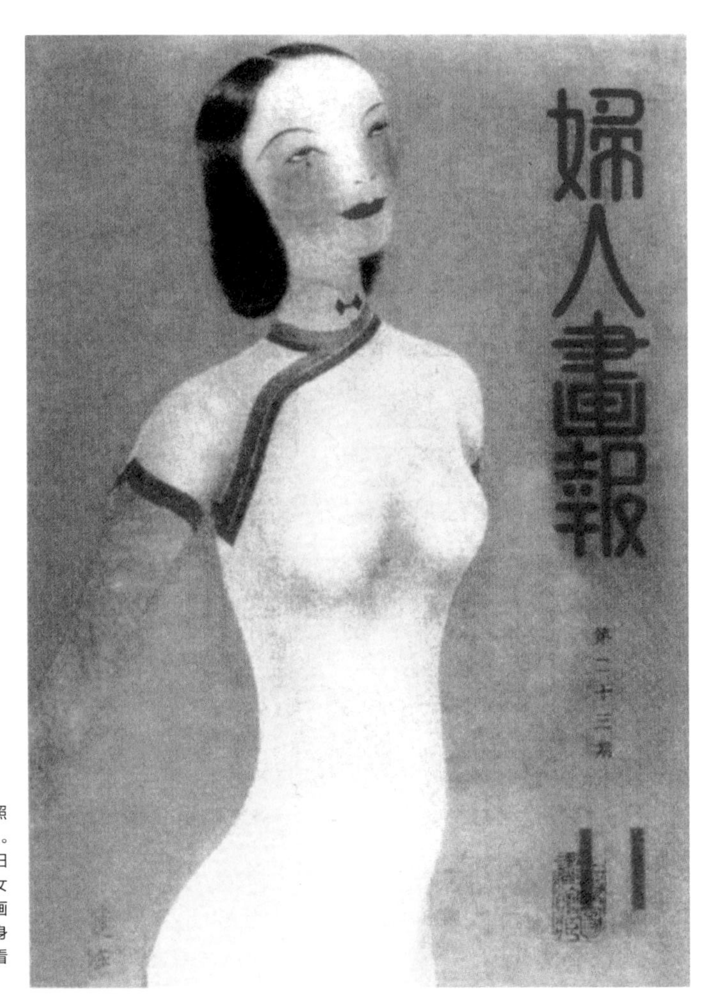

图42　也有一些画报并非以真人照片，而是以美术绘画作品作为封面。此图为20世纪30年代的上海《妇人画报》第23期的封面，妙龄女郎穿着一袭浅绿色旗袍。这幅绘画中旗袍的款式十分紧身，女性的身体曲线毕露，这样的作品在当时看来还是很大胆的。

2. 海派旗袍与海派文人

海派文人是一个与上海传媒出版业息息相关的特殊知识分子群体。近代上海文化市场的繁荣，给他们谋生提供了一个重要的理想空间；加以近代上海报刊产业的蓬勃发展，这些知识分子聚集上海十里洋场，发达的文化市场给以卖文为生的他们提供了一个广阔的生存空间；商业市场的经济规律也促使他们适应文化市场的需要，迎合市民文化的审美趣味，从而在很大程度上成为市民文化的传播者和代言人。这些依靠卖文为生的所谓“海派文人”们，自觉或者不自觉地都将关注的目光投向了上海的市民生活，尤其是女性的时尚生活，对女性衣着装扮的关注成为他们的必修课。

据统计，周瘦鹃从 1921 年到 1947 年主编的生活及文艺类期刊多达十多种，其中影响力较大的包括 1921 年中华图书馆创刊的《礼拜六》、1921 年大东书局创刊的《半月》、1922 年创刊的《紫兰花片》、1925 年创刊的《紫葡萄画报》、1925 年创刊的《紫罗兰》、1926 年创刊的《良友》、1931 年创刊的《新家庭》等。民国时期，上海滩的热门女性期刊似乎都先后与周瘦鹃有一定的关系。或许因为还曾供职于上海明星影片公司的缘故，周瘦鹃对女性的穿着服饰形象比一般文人更为敏感。他不仅自己写有关旗袍的文章，其开办的《紫罗兰》、《良友》画报等更是旗袍时尚推广和传播的重要工具，比如 1926 年在《紫罗兰》开办“旗袍专栏”，等等。

当然，写旗袍最多的上海文人还属张爱玲。生于上海，原籍河北丰润的张爱玲是中国现代文学史上的重要作家，是在小说和散文两个领域独树一帜且有巨大成就的作家之一。这位女性作家，是一个善于将艺术生活化、将生活艺术化的典型代表。由于她对日常世俗生活细致入微的体验和敏感，民国时期的张爱玲不仅写出了叫人津津乐道的好小说，还写出了极其应景的关于旗袍时尚的小品文。《更衣记》中张爱玲以炉火纯青的独特语言，言简意赅地描述了 20 世纪上半叶的中国时装流变，寄以深切的人性感慨和对时尚的绝妙讥讽。比如看到 20 世纪 30 年代上海女人将旗袍与西式外套的“混搭”，她写道：“当时欧美流行着的双排纽扣的军人式的外套正和中国人凄厉的心情一拍即合。然而恪守中庸之道的中国女人在那雄赳赳的大衣底下穿着拂地的丝绒长袍，袍衩开到大腿……”另外作为以上海为生活居住地的女性作家，张爱玲小说中的人物所着旗袍之描写也非常多。在其第一部完整的长篇小说《十八春》中，对曼璐和慕瑾这对旧情人多年后见面场景的描写，就因为旗袍而分外伤感。小说中“慕瑾一抬头，却看见一个穿着紫色丝绒旗袍的瘦削妇人”，“他注意到她的衣服，她今天这件紫色的衣服，不知道是不是偶然。从前她有件深紫色的绸旗袍，他很喜欢她那件衣裳。冰心有一部小说里说到一个‘紫衣的姊姊’，慕瑾有一个时期写信给她，就称她为‘紫衣的姊姊’”。小说中的紫色旗袍成了煽情的道具。另一部小说《色·戒》

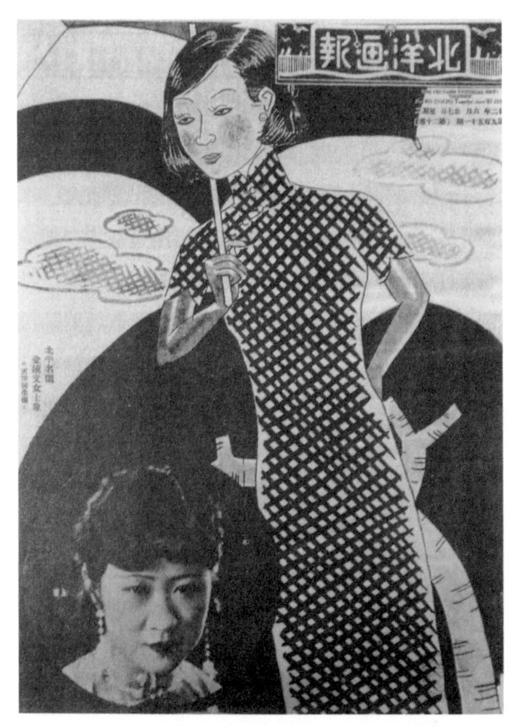

图 43　1933 年《北洋画报》951 号封面，画有穿着紧身细格子旗袍、打着阳伞的短发女子。出版于天津的《北洋画报》也有许多关于旗袍的图文记载，其实自 20 世纪 20 年代中后期，旗袍时尚在中国的诸多城市中流行，比如广州、天津、北京等地，而旗袍的时尚发布中心则是上海，这样大家就都向上海看齐了。

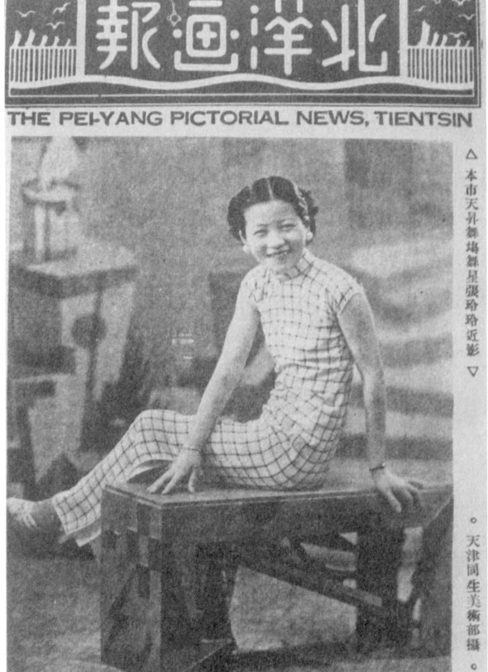

图 44　1936 年《北洋画报》1418 号封面上登有舞星张玲玲的婀娜旗袍照，其旗袍实物竟然与 1933 年的封面画作如此相似。

中，将女主角出场的旗袍及装扮写得极为详细——“稍嫌尖窄的额，发脚也参差不齐，不知道怎么倒给那秀丽的六角脸更添了几分秀气。脸上淡妆，只有两片精工雕琢的薄嘴唇涂得亮汪汪的，娇红欲滴，云鬓蓬松往上扫，后发齐肩，光着手臂，电蓝水渍纹缎齐膝旗袍，小圆角衣领只半寸高，像洋服一样。领口一只别针，与碎钻镶蓝宝石的‘纽扣’耳环成套”。

还有一位文人作家比较特别，若论其所属，该算是京派作家，可论其对旗袍服饰的描写而言，无论从数量和质量上来讲，似乎并不逊色于海派文人。这位就是出生于安徽的京派作家张恨水。虽然其小说绝大多数讲的是民国时期的京城故事，但从其中的女性旗袍来看，其实都应算是被上海女性借鉴、革新而成的民国旗袍，因此京城女性所穿的也是海派旗袍。这里不妨以张恨水最著名的小说《金粉世家》为例。这部描写民国时期上层社会醉生梦死般奢侈生活的小说，尤其注重对各色人等日常生活细节的描绘，其中的旗袍描写亦十分细致而写实。比如书中的女主角，平常人家女儿出身的冷清秋，因为是学生身份，服饰简单朴素，只“穿了一件雨过天青色锦云葛的长袍，下面配了淡青色的丝袜，淡青色的鞋子”，也正是由于这一身脱俗清雅的服饰吸引了大家子弟金燕西。男主角金燕西八妹梅丽，是位幼稚而娇气的贵族小姐，“她换了玫瑰紫色海绒面的旗袍，短短的袖子，露出两只红粉的胳膊，下面穿的湖水色的跳舞丝袜子，套着紫绒的平底鱼头鞋，漆黑头发，靠左边鬓上，夹了一个展翅珊瑚蝴蝶夹子，浑身都是红色来陪衬”。这个贵族小姐还是中学生，装扮自然尚显稚气，却已于举手投足间透出贵气。女戏子白莲花的旗袍装束则不同，“穿了一件宝蓝印度绸的夹旗袍，沿身滚白色丝辫，挽了一个辫子蝴蝶髻，耳朵上坠着两片翡翠秋叶环子，很有楚楚依人的样子”。或许是旗袍实在是太过流行，书中的外国女人也穿起了旗袍。书中写到金燕西姐夫所娶的二房——日本人明川樱子的出场，作者对其服饰装扮的描写也颇有心思，“在樱子未来以前，大家心里都忖度着，一定是梳着堆髻，穿着大袖衣服，拖着木头片子的一个矮妇人。及至见了面，大家倒猛吃惊。她穿的是一件浅蓝镜面缎的短旗袍，头上挽着左右双髻，下面便是长筒丝袜，黑海绒半截高跟鞋，浑身上下完全中国化”。

《金粉世家》于 1926 年开始在北京《世界日报》上连载，一直到 1932 年刊完。因此，从整部小说中我们还可以看出旗袍款式的流行变化。比如在小说的前半段旗袍是短款的，而到了后半段则出现了长款旗袍这种新潮式样。小说第 75 回详细描写金燕西二哥外室曾美云的时髦新衣——“穿了绿绸新式的旗衫，袖子长齐了手脉，小小地束着胳膊。衣服的腰身，小得点点空幅没有，胸前高高地突起两块。这绸又亮又薄，电灯下面一照，衣服里就隐约托出一层白色。这衣服的底襟，长齐了脚背，高跟皮鞋移一步，将开衩的底摆踢着有一小截飘动”。其实这里的旗衫就是旗袍，从描写中可知，超长的及地款式旗袍已经开始出现，衣袖则是十分紧小。不过对于这最时新的衣服，男人似乎并不以为然，觉得“这衣服下摆是这样小，虽然四角开了岔口，总不像短旗袍，光着两腿，可以开大步。上起高台阶，自己踏着衣服，也许摔你一个跟头。再说，如今讲曲线美，两条玉腿，是要紧的一部分，长旗袍把两腿遮了起来，可有点开倒车”。

3. 海派旗袍与海派画家

相比于作家的文，画家则用图来表现当时的时髦旗袍。张乐平和叶浅予都曾在《良友》画报上画过旗袍插图或设计图，这些绘画作品更加形象地描绘出流行旗袍的款式和细节，对于旗袍时尚的推广也更加直接。叶浅予 1929 年因开始在《上海漫画》和《晨报》上连载连环画《王先生》而出名，此作品一直画了七年之久，描绘了 20 世纪 30 年代大上海的声声色色，在社会上引起了强烈反响。而同时他还可以被称为民国时期的旗袍设计师，因为在诸如《良友》这样的流行期刊中，叶浅予还经常客串出场，绘制最新的旗袍时装图画。今天看来，这些绘画就是最新时装的设计图稿了。

不过就作品与旗袍的关系来看，另一类海派画家似乎更加值得关注，这里所说的当然是月份牌画家。据说因为西方商人看中了中国传统年画这一宝贵的艺术形式，将其运用于商业广告宣传中，于是产生了月份牌广告画。最初是洋行将其赠送给用户，体裁也多为外国油画或风景画，后来擦笔水彩画法的创造和时装美女主题的兴起使月份牌风靡城乡。从月份牌所绘制的女性形象来看，主要有香烟美女、明星、执卷美女、执扇美女等多种，表现女性的主要日常生活场景，其中融入了时髦的款式以及新的社会风尚，展现了当时的女性服饰装扮之潮流。其中以旗袍为代表的女性服饰是月份牌中表现最多的服饰类型。虽然从其直接推销的商品来讲，月份牌广告画似乎与旗袍的关系不大，而从其表现的形式来看，又与旗袍有着很大的关系，成为今天人们欣赏和研究民国时期女性旗袍，乃至女性时尚的重要样本。从某种程度上来讲，这种特别的商业广告成为记录民国旗袍的重要载体，反映出民国时期旗袍的变迁。比如 20 世纪 20 年代月份牌中所谓“淑女”旗袍的形象，20 世纪 30 年代月份牌中的女性则是浓妆艳抹，穿一袭华丽旗袍，再烫个波浪卷发，表现的是当时女性最时髦的装扮。同时由于月份牌广告的踪迹遍及大小城乡，其中的形象也成为小城或乡村女性模仿的对象，其影响可谓历久弥新。这种月份牌年画新样式，还广为发行到香港、澳门地区以及东南亚华人中。

20 世纪 30 年代是月份牌广告画的鼎盛时期，著名的月份牌画家有很多，其中郑曼陀、杭穉英、谢之光、金梅生等人的作品中绘制旗袍美女最多，其作品几乎遍及全国。郑曼陀是早期月份牌画家的代表人物，于月份牌兴起的民国初年迁居上海，因创造了擦笔水彩时装美人月份牌画这种流行形式，而成为名噪一时的画家。其著名的绘有旗袍的月份牌作品

图 45　叶浅予 1929 年开始创作连环画《王先生》中穿旗袍的时髦上海女人，以诙谐幽默的形式将旗袍女人的妖媚和婀娜展示出来。其中下摆到脚踝、大花朵的花形图案，是 20 世纪 30 年代的典型款式。

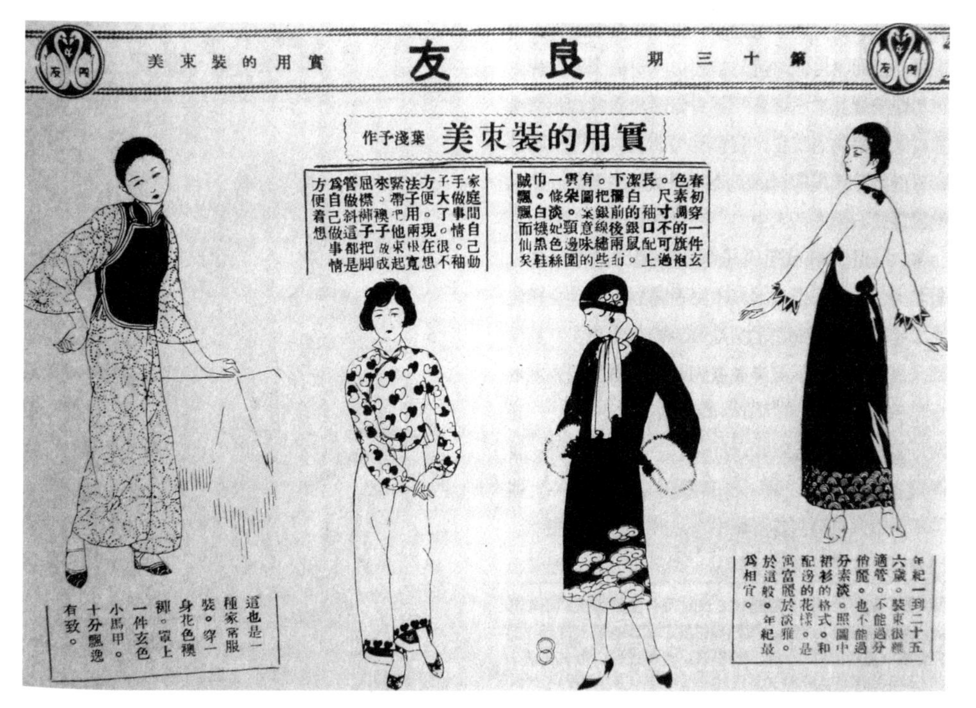
第十三期　良友　實用的裝束美

實用的裝束美　葉淺予作

家庭間自己動手做事情。袖子大了。很不方便。現在想法子用兩根寬緊帶把他束起來。襖子放成屈襟。褲子把脚管做斜。這都是爲自己做事情方便着想

春初穿一件玄色素調的旗袍。尺寸不可過長　袖口配上潔白的銀鼠。下擺前後兩狃。把銀線繡些有圖案意味的霁朵。頸邊圍一條淡妃色絲巾。白襪黑鞋貽飄飄而仙矣

這也是一種家常服裝。穿一身花色襖褲。罩上一件玄色小馬甲。十分飄逸有致。

年紀一到二十五六歲。裝束很樸適管。不能過分俏麗。也不能過分素淡。照圖中裙衫的格式。和配邊的花樣。是寓富麗於淡雅。於這般。年紀最爲相宜。

图 46　叶浅予在 1927 年第 13 期《良友》画报上刊登的最新时装设计图，以“实用的装束美”为题，分别绘制多款实用女装。其中一款为深色旗袍，袖口搭配白色银鼠毛皮，侧边下摆有云纹图案装饰，与帽子上的图案相配。无论从外部轮廓造型，还是细节和鞋帽等饰品来看，叶浅予的这款设计与职业服装设计师的作品已经十分相似。

图 47　擅长仕女画的谢之光作品糅合传统国画和西洋肖像画画法技巧。此图是其为南洋兄弟烟草有限公司所画的广告画，其中的旗袍为倒大袖款式，长度过膝，款式传统，而面料色彩及图案艳丽。

图 48　杭穉英的旗袍美女多以时髦的摩登女郎和电影明星为主角，大都穿着大花的紧身旗袍，留着时髦的卷发，脚穿高跟皮鞋，打扮十分洋味。图为 20 世纪 30 年代杭穉英所绘的旗袍美女月份牌作品。

有英美烟草公司的《裘领美女》、山东烟草公司的《旗袍美女》等。曾向郑曼陀等学习月份牌画技法的杭穉英则结合国外商品广告和卡通片中运用色彩的长处，创作出了细腻柔和、艳丽多姿的作品，包括“美丽牌香烟”“双妹牌花露水”“雅霜”“蝶霜”“白猫花布”“阴丹士林布染料”“杏花楼嫦娥奔月月饼盒”等，几乎家喻户晓，影响深远。与郑曼陀以清纯文静的女生为主角不同，杭穉英以摩登女郎和电影明星形象为主角，描绘上海滩新潮女性的发型、体态、衣着、姿势，其笔下的美女大都穿着大花的紧身旗袍，留着时髦的卷发，脚穿高跟皮鞋，洋味十足。正是由于这些海派画家的出色作品，以及月份牌这一特殊的商业广告形式，旗袍美女的形象也因此而传遍千家万户。

4. 海派旗袍与海派明星

民国时期，上海娱乐业空前发达，遍布上海租界地区的消闲娱乐场所的发展繁荣，为上海的娱乐文化消费奠定了基础。娱乐业的大发展催生出大批的娱乐明星，其中最引人注目、影响力最广的当然首推电影明星。电影传入中国是在 1900 年前后，由西班牙人雷玛斯将电影带到上海，并且在上海滩开设第一家电影院。因此，上海是中国电影的发源地。20 世纪 30 年代，看电影成为上海人普遍的娱乐方式。据说到 20 世纪 30 年代末期，上海已有 30 多家影院。兼营电影与戏剧的大戏院，有大光明大戏院（1928 年建）、南京大戏院（1930 年建）、国泰大戏院（1932 年建）、大上海戏院（1933 年建）等。

看电影已成为人们日常最重要的娱乐方式之一，电影业如此壮大的气势，也势必让明星的影响力随着电影业的壮大而壮大。在时装模特还没有形成今天这样的影响力的年代里，明星们实际上正充当着模特的角色。而这些拥有广泛知名度的明星们与真正的模特相比，还有着更多的优势。首先，其传播服饰潮流的途径更加多样。明星们不仅日常生活中的服饰装扮受到广泛关注，同时他们在参演的电影中（尤其是现实题材）的一衣一帽、一颦一笑都是平民百姓们模仿的目标。张爱玲在小说《同学少年都不贱》里描写 20 世纪 30 年代上海中学女生的生活，模仿当红明星胡蝶成了女学生的课余节目：恩娟“常摆出影星胡蝶以及学胡蝶的‘小星’们的拍照姿势，跷起二郎腿危坐，伸直了两臂，一只中指点在膝盖上，另一只手架在这只手上。中指点在手背上，小指翘着兰花指头，一双柔荑势欲飞去，抿着嘴，加深了酒窝，目光下视凝望着，专注得成了斗鸡眼”。其次，明星使服饰潮流传播的效率更快、范围更广。在民国时期，电影作为一种极其大众化的娱乐方式，使各种信息可以随着电影迅速地传遍各个角落，其速度和广度是其他传媒形式无法比拟的。

20 世纪 30 年代是中国电影的第一个黄金时代，而此时也是海派旗袍兴起和繁荣之时。特别值得一提的是，中国电影的重心在上海，旗袍的流行中心也在上海。上海电影和上海

图 49　1932 年第 810 期《北洋画报》上的电影明星胡蝶身穿宽大条纹图案的旗袍照片。圆润的身材和饱满的面部五官衬托出她天生具有的华贵雍容的气质。据说当时的许多月份牌以及其他旗袍美女广告都是以胡蝶的形象为原型绘制的，由此可见，胡蝶是民国旗袍美人的标准和典范。

图 50　阮玲玉主演的最具代表性的作品《神女》剧照。有着温婉忧郁气质的阮玲玉，以纤瘦的身姿和那些并不花哨的旗袍，演绎出旗袍温婉的东方气质。

图 51　宋美龄可以说是民国时期最大的明星。这位多次登上美国《时代》周刊封面的超级大明星，还是一位旗袍发烧友。几乎每一次在公共场所出现，她都穿着考究的旗袍。此图为 20 世纪 40 年代的上海《永安》月刊第 81 期封面上穿着郁金香图案旗袍的宋美龄。

旗袍诸多的不谋而合，不知是上天注定，还是客观因素促成。总之，海派旗袍也由于得天独厚的条件而空前发展起来，并在中国早期的电影中芳华永驻。《姊妹花》《渔光曲》《女儿经》《神女》《小玩意》《新女性》《马路天使》《十字街头》《一江春水向东流》等一批佳片大多出自上海，这些以都市生活为题材的所谓时装片，在当时十分受欢迎，因此也成为海派旗袍的记录载体。胡蝶、阮玲玉、周璇、王人美、袁美云、徐来、黎明晖、陈燕燕、黎莉莉、上官云珠等这些上海的电影明星们，成了旗袍的明星级演绎者。无论是这些明星的银幕形象还是其日常穿着，无不与旗袍有着密切的关系。有着“中国的葛丽泰·嘉宝”称号的电影皇后胡蝶气质华贵，其传世照片中的旗袍形象华丽雍容；气质忧郁温婉的阮玲玉则一般穿着比较素雅的条纹格及素色旗袍；而小家碧玉型的周璇则将旗袍形象演绎得甜蜜而清新。

当然“明星”也不一定就是娱乐界的名人，如果我们将所谓“明星”的概念再扩大一些的话，其实民国时期活跃于上海滩的明星有很多，他们的言行举止、服饰装扮都受到平民百姓的关注和效仿。他们也许不演电影，也不出唱片，却是不折不扣的明星级人物，对大众的影响也丝毫不逊色于那些娱乐明星。这些人包括上海滩的美丽名媛、美女级知识女性，还包括有权有势有美貌的权贵女性等。民国上海滩，明星中的明星自然非“宋氏三姐妹”莫属。宋氏三姐妹一生钟爱旗袍，她们在公共场所的每一次出现，都穿着考究的海派旗袍，美丽高雅自是不必多说，这些社会名流对旗袍的钟爱也大大促进了旗袍的进一步发展。

5. 海派旗袍与海派裁缝

海派旗袍的诞生和发展还要归因于上海滩那些心灵手巧的裁缝师傅们。19 世纪中叶，随着上海的开埠，一批来自宁波乡下的手艺人开始闯荡于上海滩，其中也包括宁波帮裁缝（即奉帮裁缝），因此民国时期上海滩的裁缝大多来自宁波的鄞州、奉化一带。当时的上海由于许多洋行的出现，外国雇员和中国的富家子弟在十里洋场兴起了一股穿西装的热潮，心灵手巧的宁波帮裁缝便率先引进西式服装的缝制技术，依据中国人的生理特点和心理需求，改良西服缝制技术，受到了洋派人士的极大欢迎。进入 20 世纪，奉帮裁缝的生意愈发红火，于是上海人就干脆叫“奉帮裁缝”为“红帮裁缝”。这些最先接受西方服饰立体裁剪技艺的中国手艺人虽然身在上海，却有着国际的视野。他们开始订购最新的国外流行杂志，购买国外时新的面料，通过各种手段了解西方服饰潮流。红帮裁缝不仅在技术上胜人一筹，在营销策略上也积极向西方先进经验学习。民国时期的红帮裁缝店已经开始借助诸如时装表演等新型手段来宣传自己的新潮时装了。上海滩的红帮裁缝开创了中国服装业的诸多第一，比如第一套西装、第一套中山装、第一家西服店、第一部西服理论专著、第一家服装职业学校等。民国时期上海滩的时髦与时尚，与来自宁波乡下的裁缝们息息相关，红帮裁缝师傅们甚至成为最新服饰潮流的创造者。

这些来自宁波乡下的手艺人竟然能紧跟西方的最新时尚，除了因为上海滩这个城市本身与西方世界的紧密联系外，还归因于这些裁缝们敏锐的时尚感悟。而红帮裁缝们对西式裁剪技术的发扬光大，则主要归因于他们的聪颖和勤劳。红帮裁缝对中国近现代服饰的改革主要在三个方面，分别为“海派”西服、中山装以及改良旗袍。经过红帮裁缝之手改良的旗袍从裁剪方法到结构都更加西化，采用了腰省和胸省，彻底改变了旗袍的平面造型效果。另外肩缝和装袖技术的引入，使旗袍的肩部、背部、腋下变得更为合体。总之，改良后旗袍的袍身更为适体和实用，改变了传统女装的胸、肩、臀完全呈平直状态的造型，体现出东方女性的曲线之美。

在红帮裁缝手里诞生的海派改良旗袍，可以说是一场中国旗袍的革命，而从日后海派旗袍对中国女性服饰的发展来看，红帮裁缝当时发起的又可以说是场关于中国女装的革命。海派旗袍的异军突起，原因很多，包括社会文化的、经济的、政治的……但也不可忽视其中的生产技术因素。正是因为上海滩的红帮裁缝可以将中西服饰技术、中西服饰潮流应用得如此之好，才有了别具一格

图52　1928年第25期《良友》画报上刊登的时装剪裁学校招生广告。广告中的学校位于上海市中心的静安寺路，教学的老师名为金乐福，来自时尚之都法国，其教授的自然也是西洋的裁剪技术。而广告图片则是一位身着旗袍、留着时髦短发、穿高跟皮鞋的女子。

的海派旗袍的诞生。如果只有爱漂亮、爱时髦的上海女人，而没有将这份时髦和美丽付诸成品的裁缝师傅们，又怎会有风情万种的海派旗袍呢？

三、海派旗袍的流行变迁与社会风尚

1. 社会审美观念的变迁

与京派旗装袍流行的年代不同，海派旗袍流行的民国时期，中国社会正发生着巨大的变化。近代以来，随着西方现代医学和现代美学的传入，中国女性已经不再缠足，束胸的习俗也被逐渐摒弃。人们从守旧的社会观念中走出来，更多新鲜的、新奇的思想观念一下子涌了过来，传统的社会审美标准此时受到了极大的挑战。政府颁布了一系列关于女性服饰装扮的政策法令，促进了都市女性服饰的发展和现代审美观的形成。比如 1928 年 5 月 10 日，国民政府颁布了《禁止妇女缠足条例》，下令全国禁止妇女缠足。1932 年，时任军政部部长的何应钦也曾指出："束胸、缠足、高履，妨害健康，尤宜无禁。"民国女作家萧红写于 20 世纪 30 年代的《女子装饰的心理》一文中，以女性的细腻和敏感道出了当时女子装饰的变迁："女子装饰亦随社会习惯而变迁。昔人的观念，以柔弱娇小为美，故女子束腰裹脚之风盛行……近来体育发达，国人观念改变，重健康，好运动，女子以体格壮健、肤色红黑为美。现在一班新进的女子，大都不饰脂粉，以太阳光下的红黑色肤色的天然丰致为美了。黑色太阳镜之盛行，不外表示其常常外出的习惯而已。"

从"束胸、缠足、高履"的传统形象中走出来的上海女人，有了脱胎换骨的变化。胡玉兰在《玲珑》第 100 期发表的《真正摩登女子》一文中写道："女子打扮时髦、会讲洋话、会跳交际舞并不算得真正摩登。一个女子要真正可以配称摩登，至少须有下列的条件：有相当学问（不一定要进过大学，但至少有中学程度，对于各种学科有相当的了解）；在交际场中能酬对，态度大方而不讨人厌；稍懂一点舞蹈；能管理家政：知道怎样管仆人、自己会烹饪、能缝纫（简单的工作，不需假手他人）。"如此看来，社会对女性的要求彻底改变了。女子除了要会做家务，还要有知识、精通交际、会打扮，真正是上得厅堂，下得厨房。这样的女子何止是民国时的"真正摩登女子"，即使在今天看来也是够现代新潮的。民国时期上海期刊上即出现了如此新潮的文章，可见民国上海滩社会观念的新潮。

上海人在服饰装扮上求新求异的审美观念，大大促进了上海服饰时尚的变迁，表明了上海市民追求时尚的审美意识，反映了上海人审美价值及文化品位的求新和开放。在全面旗袍的年代，要想标新立异其实并不容易，于是上海人在旗袍上下足了功夫，玩出了各式花样，海派旗袍频繁的流行细节更替，也反映出了民国时期都市女性全新的审美观念和生活态度。

2. 女性自我意识的变迁

1945 年 4 月 6 日的上海《海报》上载有张爱玲名为《炎樱衣谱》的文章，其中提到一件事——“最近她和妹妹要开个时装店（其实也不是店——不过替人出主意，做大衣、旗袍、袄裤西式衣裙），我也有股子在内”。这本是一篇为自己的生意做广告的短文，其中还提到了业务范围、地址等细节。几天之后的 1945 年 4 月 12 日，《东方日报》上载有日子的《张爱玲之贵族身世》一文，对此事又有提及——“最近张爱玲创一时装公司，此时装公司与其他时装公司所不同者，代客选择颜色，代客选择衣料，代客选择款式……不过她以最新的一切，及与来人身材年龄配合为原则，是故不但生面别开，爱好新噱头的上海人，也许吃她这‘一弓’”。看来，张爱玲的时装店只是替人出主意，而不出时装的。若按今天的说法，张爱玲的时装公司其实就是个形象设计顾问公司。由此可见，那时的上海女人如何爱美、如何讲美了。究其原因，则是因为民国时期，中国的城市里出现了一批职业女性和知识女性，她们勇于走出闺门、走进社会，获得独立的经济收入。女性解放运动的发展提高了女性的地位，提高了女性的自我意识。由于女性不再是囿于家庭的男性的附属物，女性的服饰装扮不再仅仅是取悦于男性，对于什么是美、怎样才美等问题，女性有了自己的见解和想法，更多的走出了家庭的女性们开始通过自我装扮来表达自我、张扬自我。

相比于旗装袍服的宽大平直，海派旗袍合体紧小，将江南女性娇小玲珑的身体曲线展现了出来。上海女人爱海派旗袍也正是因为它能展示她们的美。虽然保守人士对此种装扮颇有微词，如 1919 年 9 月 1 日《药风报》对上海女性服装的评价：“一般大家闺秀，与倚门卖笑的妓女，争妍斗胜……还有一种爱时髦的女学生，也弄得怪头怪脑，打扮得像女拆白党一般。”1930 年 9 月《笑报》中的《解放妇女的研究》一文也说到女性服饰：“唯恐其不薄，唯恐其不短，唯恐其不窄小。”但此时以上海为代表的都市女性的自我意识已经有了很大的提高，尤其接受过教育的知识女性更是如此。

3. 西方社会生活观念的影响

由于特殊的历史背景，上海是一座极其西化的城市。据记载，早在 19 世纪下半叶，全国仅有的三个介绍西学的官方机构中，有两个在上海。且上海早在 19 世纪末年，便先后出现了十多种西文报纸。到民国时期，上海的西学之气氛更是盛行多时，西方生活方式和价值观念的传入也在潜移默化地改变着人们的审美观。民国时期，上海租界很多，各国人士

图 53　国产的花露水香皂广告中，广告女郎虽然穿的还是旗袍，但外罩一件西式外套，整体形象装扮十分时髦而洋派，旗袍高高的开衩和露出的一大截玉腿还体现出了当时女性着装观念的开放和大胆。

图 54《良友》1932 年第 72 期封面上的女子梳着短短的头发，细细的弯眉，浅浅的唇，还有浅浅的笑，一副标准大家闺秀该有的样子。而浅绿色的旗袍却是透明材质，内衣隐隐可见。

在租界投资办厂或从事贸易活动，将西方人的生活方式也带到了上海。西方人的审美情趣、伦理道德、价值观念等也悄然而至。租界展示出的西方生活方式对一向崇洋的上海人有着很大的吸引力。另外一股不可忽视的影响力则来自留洋人员。自清末以来，中国不断向国外派遣留学生。据统计，在 1925—1928 年，中国留美学生人数每年约有 2500 人，后来留学人数不断增加。这些出过国的留学生在国外受到西方文明的洗礼，养成了西方的生活习惯。他们回国之后，自然在生活上也带来了西方的方式，从而对社会生活和社会观念产生了很大的影响。因此民国以后，上海市民生活则有着明显的“洋派”倾向。市民竞相模仿西方生活方式，追求时髦的西方时尚生活。正是上海人创造了“洋泾浜”式的都市文化，他们不仅说着“洋泾浜”英文，还住在中西合璧风格的新式石库门屋子里，穿着中西合璧风格的旗袍，过着“洋泾浜”式的生活。

20 世纪 40 年代，民国文人周瘦鹃曾在《永安》月刊上以“舞话”为题撰文，如此写到当年上海滩的西式舞厅——“十余年前，卡尔登影戏院楼上，有舞厅，即现今大沪舞厅的前身，每夜聘有夜半歌舞团 Midnight Follies 表演歌舞，全班数十人，多俊男美女，舞艺精湛，且带歌唱，为近年来所不经见”。从以上文字可以看出，民国的上海舞厅已经非常西化了，不仅舞厅和表演的歌舞团体都有着时髦的西文名

图 55　民国时期上海市民生活则有着明显的“洋派”倾向，西方生活方式成为一种时尚。因此，风行一时的月份牌广告画，也常常以这样的洋派生活场景为主题。此图生动地描绘出了民国时期上海滩的舞厅生活。光亮的木质地板上，两位穿着带有花边装饰的及膝裙子和系带尖头高跟皮鞋的短发女子翩翩起舞，背景中出现的西装革履的乐师演奏着西洋的小提琴和钢琴。只有屋顶上悬挂着的大红宫灯和结艺，才透出了些许的中国味道。

字，歌舞形式亦是载歌载舞的西化方式。

民国初期，鲁迅就曾写道：“在上海生活，穿时髦衣服比土气的便宜。如果一身旧衣服，公共电车的车掌会不照你的话停车，公园看守会格外认真地检查入门券……所以，有人宁可居斗室，喂臭虫，一条洋服裤子却每晚必须压在枕头下，使两面裤腿上的折痕天天有棱角。”张爱玲在《更衣记》中也对上海在服饰装扮上的西化有诸多记录，比如“民国初年的时装，大部分的灵感是得自西方的。衣领减低了不算，甚至被蠲免了的时候也有。领口挖成圆形、方形、鸡心形、金刚钻形。白色丝质围巾四季都能用……交际花与妓女常常有戴平光眼镜以为美的。舶来品不分皂白地被接受，可见一斑”。还有一事也可见上海女性对西方时髦的追赶之风气。据说 20 世纪 30 年代上海女子盛行西方的烫发式样，一时全市妇女“披发电烫”。当时蒋介石在上海看到此种现象，认为烫发“既不美观，又害健康，乃拟定禁令”，但是时髦的上海女性仍然我行我素，烫发依旧。

上海女人对于西洋化妆品的钟爱，也可见于著名作家包天笑的长篇小说《玉笑珠香》。小说在 1925—1930 年连载于《紫罗兰》杂志，其中一段关于女人扑粉化妆的描写提到，“凡是年轻的女人往往不能离开脂粉的，她那里关于脂粉之类设备也很完美。她第一考究的是粉，这都是法国巴黎出品，什么红兰白芍之类芬芳细腻，足使妇女界颜色增美而不露出粉痕……那些贵族的女子最喜欢用法国巴黎的粉，她们说法国巴黎的粉要数全世界第一了，那晚红楼餐馆中来者当然都是高等女子，所以她们的化妆间里所备的都是高等化妆品”。从上段文字可以看出，20 世纪 20 年代中后期，上海滩的女子已经知道了进口化妆品的好，并广泛使用。

茅盾完成于 1933 年的小说《子夜》中对交际花徐曼丽的服饰形象描写道：“一位袒肩露臂的年轻女子。她的一身玄色轻纱的 20 世纪 30 年式巴黎夏季新装，更显出她皮肤的莹白和嘴唇的鲜红。没有开口说话，就是满脸的笑意：她远远地站着，只把她那柔媚的眼光瞟着这边的人堆。”《子夜》中的徐曼丽乃是上海滩的高级交际花，穿的是巴黎最新夏装，不仅洋味十足，还处处充满了诱惑力，活脱脱一个西洋装扮下的中国尤物。这样的欢场女子装扮，与我们所知的穿着高高元宝领大褂、梳着盘发、有着三寸金莲的曾经上海滩书寓女子已完全不同了。上海滩的欢场女子之装扮向来是时尚的风向标，从这样的一身洋装的徐曼丽身上，我们也可见民国上海滩的时髦是十分西化的，其对西方的时尚文化和物质生活的认可和接受程度可见一斑。

4. 上海市民文化的体现

开埠以来的上海，被称为冒险家的乐园，这是一个充满机会的城市，因此聚集了各色

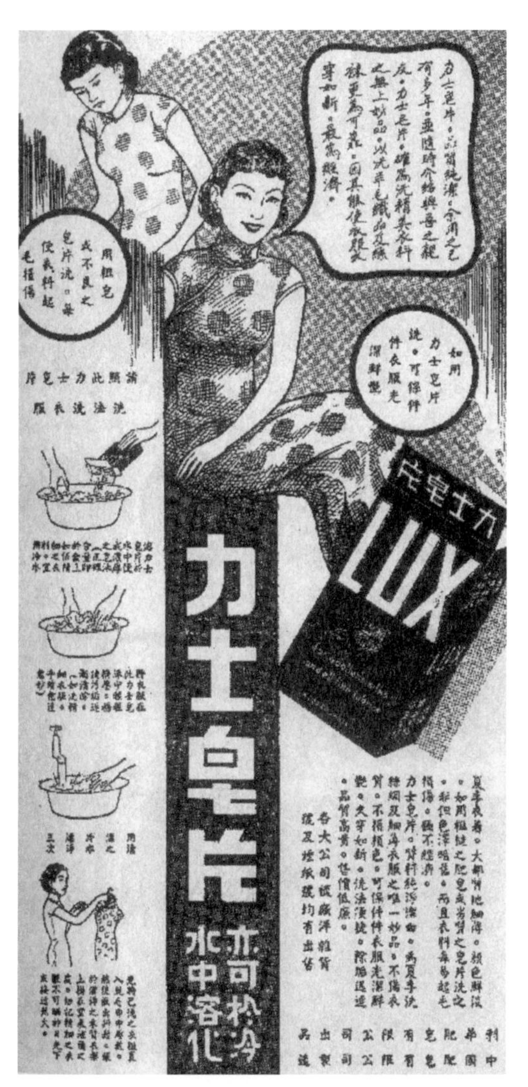

图 56《益世报》1937 年 7 月 13 日第三版上刊登的美国力士皂片广告不仅出现了穿着合体紧身的中国美女，还特别以“旗袍经穿鲜艳全靠洗法得宜”为题，并附有详细的洗涤方法说明。这样的广告出现于 20 世纪 30 年代的报刊中，不仅说明了此时洋货的繁多丰富和广受欢迎，还可以看出洋货为了吸引中国消费者，使用了与中国国情相符的宣传策略。

图 57　1933 年刊登于《北洋画报》上的漫画，题为“对镜理妆”。画中身材曼妙的女子对镜梳妆，身穿的长款旗袍开衩高得露出了内裤。

人等。上海成为一个不折不扣的移民城市，在这里谁都不是本地人，可是谁都有机会拥有万贯家财而成为这个城市的主人。在这个“英雄不问出处”的城市中，自然形成了“重外表”的社会风气。另外，由于上海商业经济的繁荣，人们的日常生活无不与商业活动和商业竞争息息相关，长此以往，整个社会便建立起一种物化的成就与成功的标准。经济的发展同时也抬高了社会的消费水平，衣饰的气派和寒酸成为市民富裕和贫困身份的标签之一，形成了一种新的衣着消费观念和社会风气。这大约也是民国时期的上海人对服饰装扮如此迷醉的原因之一。民国时期上海有俗语“身上穿绸衣，家里没有夜饭米”，可见衣装在上海人日常生活中的重要性，也可知上海人以衣装打扮来作为评价他人的社会标准。其实这种“只重衣衫不重人”的社会评判标准正是商业社会中小市民意识的典型反映，对于一般市民来说，着装的重要性在日常生活中就尤其显现。

作为上海人的张爱玲在其文《到底是上海人》中写道：“上海人是传统中国人加上近代高压生活的磨炼。新旧文化种种畸形产物的交流，结果也许是不甚健康的，但是这里有一种奇异的智慧。”这里张爱玲提到的上海人的智慧，也表现于外在的穿着打扮之中。比如 1934 年 11 月 6 日的《社会日报》刊有《显微镜下之上海》一文，提道：“上海人的衣食住三者之中，确是把衣放在第一位的，再怎样睡阁楼的朋友，冬天出外总有一件大衣披着……”社会对于人们衣装的重视、对于衣着的敏感和势利态度，也大大地促进了个人自身对衣装打扮的重视。这也恰好解释了，为什么民国时期关于衣装打扮的时髦和新奇之思潮大多源于上海滩了。

四、海派旗袍与上海女人

1. 突出上海女人娇小玲珑之美

中国幅员辽阔，各地区的自然和文化特色差异极大。通常来讲，北方地区的人要高大、健壮，而相对而言南方人体格纤细。地处中国东南部的上海是一个移民城市，其城市中大部分人口原籍为江苏、浙江等地。相对而言，上海人比较瘦小，尤其上海女性身材纤弱而娇小，出版于民国时期的上海期刊以《玲珑》为名，倒是恰到好处地道出了上海女人的娇小、玲珑之特征。

与北方女性的高大相比，上海女性的纤腰细腿更符合了海派旗袍的外观廓形。海派旗袍从装饰上来讲，早就没有了当年京派旗装袍繁复的绣花和号称“十八镶”的边饰。但是海派旗袍在本身的裁剪和样本技术上却比京派旗装袍讲究了许多。海派旗袍造型纤长合体，外形上已完全脱离了满族旗袍的局限，强调女性胸、腰、臀三位一体的曲线造型。这种修身的旗袍，必将女性的身材凸显无遗，同时也要求女性身材苗条，曲线动人。所以聪明的上海女性选择了旗袍，还将其进行了恰到好处的改良，成就了最能扬其美态的海派旗袍。

正是由于海派旗袍独特的形制，再加上西式的高跟鞋、透明丝袜、电烫的卷曲头发，共同构筑了民国时期上海女性的外观形态。此种婀娜玲珑、千娇百媚的形象，亦中亦西，含蓄中有性感，直白中有委婉，形成了民国时期独特的都市女性形象。

2. 上海女性时尚生活的体现

上海开风气之先，开放、洋派、善于变化和崇尚新鲜是其特征。那么上海人究竟有多么爱赶时髦，有多么会赶时髦呢？1934 年 1 月 21 日上海的《社会日报》上的文章《跳舞场》写道："上海是个感应敏感的地方，它的血脉和全世界的名城相流通。巴黎的时装，一个月后，就流行在上海的交际场中；百老汇的一支名曲，也不消几个礼拜，就很娴熟地哼在上海人的嘴里。"

旗袍在上海的最新兴起，据说就是源于一批女学生。这里不妨先来看看民国上海女学生的装扮。1937 年的《公教妇女季刊》第 4 卷第 1 期中《节约运动与妇女生活》如此描写当时女学生的生活——"清晨上学的时候，太阳挂得高高的，她还刚从床上起来，洗脸了，得细心地擦上一层白粉和胭脂，于是穿上一件时髦的旗袍、丝袜，擦一擦亮高跟皮鞋，穿上走两步，从镜子里看自己的姿态，起码梳十几分钟的烫过的头发，照上几次镜子，才拿了两本新新的洋装书，踏着有点近于跳舞的步子，一股劲儿扭着细腰去了"。这样的上海滩女学生们与其说是新潮思想的先行者，还不如说是新潮时尚的领导者。

另外一种说法则以为，上海滩最先穿旗袍的是妓女，晚清时期上海妓女引领了时尚走向，成了上海妇女服饰时尚的风向标。正是由于这些时髦的妓女们穿起了旗袍，上海滩赶时髦的女人便都跟风穿起了旗袍。1899 年 1 月 1 日，《游戏报》刊文《论沪上妇女服饰之奇》，其中载"沪上之妇女，无论其家为贵族也，为富绅也，为士也，为商也，为工也，为微役也，为贱艺也，其所衣皆妓女之衣也"。如此看来，与其说上海女性"爱旗袍"，不如说是"爱时髦"。

无论说法如何，海派旗袍与时髦的上海女人关系密切。与款式变化缓慢的京派旗装袍相比，海派旗袍流行变化很快，仿佛有意让人老在赶，又老是赶不上的样子。其实这也是上海女人的天性使然。上海人爱时髦，上海女人尤其如此，而"时髦"的最直接体现当然就在衣服上了。旗袍在民国时期已经成为都市女性的最普遍着装，于是为了时髦，上海女人在旗袍上花费了不少工夫，弄出了不少的花样。甚至于《上海小报》1926 年 10 月 4 日

图 58、图 59　20 世纪 30 年第 50 期《良友》画报上刊登的“秋季新装”和 1931 年第 55 期刊登的“春季新装”插图。其不仅绘制了时新的各式新颖旗袍和时装，还将上海女人的玲珑和娇媚刻画了出来。这些穿着高跟鞋和透明丝袜、顶着电烫卷发、摆着婀娜姿态的女人成了上海女人的形象典范。

图 60　原载于《良友》1928 年第 30 期的复旦大学预科女生的合影照片。其中的女学生们化着妆、摆着姿势，穿着马甲式旗袍或者倒大袖旗袍，短短的头发也是当时流行于西方的最时髦式样，颇有明星之气。倒是后排唯一的外国面孔露出了些不自然的怯态。

发表了一篇名为《为上海女子时髦危》的文章，写道：“一时矮领短袖，一时宽袍大裤，一时穿旗袍，一时又穿长马甲，花样日翻，不胜枚举。”

五、海派旗袍的审美

从海派旗袍的起源背景来看，她确实是一种基于中国传统服饰，而又受到西式服饰洗礼过的特殊服饰品。她就好像一个混血儿一般，在民国年间绽放着亦中亦西的独特美感。

1. 海派旗袍与中国传统审美观念

（1）理性的含蓄美

美国文化人类学家露丝·本尼迪克特（Ruth Benedict）在其代表著作《文化模式》中将人类的文化划分为日神型和酒神型两种，其中日神型的原始文化讲求节制、冷静、理智、不求幻觉，酒神型的原始文化则癫狂、自虐、追求恐怖、漫无节制。学者李泽厚在《华夏美学》一书中则根据这种分类方法，认为中国上古时期的原始文化即便不能完全算是日神型，也应该算是非酒神型的，并认为“从诗、书、礼、乐、易、春秋所谓‘六经’原典来看，这种主冷静反思，重视克制自己，排斥感性狂欢的非酒神类型的文化特点，是很早便形成了”。

中国传统的非酒神文化使得中国人在各个方面都十分注意所谓“克己”，对财富、权势等诸多欲望的追逐是极其克制的，表达方式比较理性。这种理性成就了中国传统文学艺术美中的所谓“含蓄美”。道家的创立者老子曾曰：“知者不言，言者不知。信言不美，美言不信。”这两句话的大意是说：信实的言语不华丽乖巧，乖巧华丽的言语不信实；真正知“道”的人不想说更不多说，想说多说的人根本不知“道”。“含蓄美”这一观念也是中国文化一以贯之的一个基本的审美理念，老子欣赏含蓄之美，鄙视直接张扬、锋芒毕露之举，此其体“道”之自然心态，因为他对宇宙万物“格物致知”的结果就是含蓄，含蓄是一切美善的根本特性之一。这种含蓄美的哲学思想贯穿于中国人的审美之中，对于艺术审美更是如此，含蓄美主张将情感的表达包含在作品所创造出的形象的意境之中，启发人们的联想，发人深思，耐人回味。民国文人胡兰成在《山河岁月》一书中，也大赞中国服饰之好，写道：“中国衣裳就宽绰，母亲穿过的女儿亦可以穿，不像西服的裁剪要适合身体有这样的难。西服的式样是离人独立的，所以棱棱角角，时时得当心裤脚的一条折痕，而中国衣裳则随人的行坐而生波纹，人的美反而可以完全表现出来。”胡氏认为的中国服饰之美，乃是通过衣褶来暗示人体之美。这正符合了源于中国传统的理性服饰美的观念。

海派旗袍源于清代满族女性的宽大袍服，并经过了西方主流服饰的浸润之后而生成。然而海派旗袍与西方流行服饰还是有着本质差异。相比于西方女性服饰对人体的大胆展示，海派旗袍虽然收紧了腰身，但仍然是全面包裹着的，全身上下直接露出肌肤的地方并不多见。而在海派旗袍的所谓高峰期，也就是20世纪30年代中期到后期，旗袍的腰身更加紧了，身体曲线更明显了，但是旗袍的长度却是空前的长，几乎完全盖住脚面快要扫地了。如此看来，海派旗袍虽然大胆地接受了西方服饰中展示人体美态的观念，但在展示方式上则含蓄多了。正如学者李欧梵在《上海摩登》中写到民国时期上海电影明星们的装扮——“我们也应注意到上海，这新兴的消费和商品世界，其中的电影扮演了重要角色，并没有全盘复制美国的发达资本主义时期的文化”，因为虽然“那些亮丽的好莱坞明星照无一例外地展示着对身体的狂热崇拜，她们浓妆艳抹的脸庞，半遮半掩的身体以及最经常裸露着的双腿”，但是中国的电影明星们“胡蝶、阮玲玉等的照片除了露着双臂之外，身体都藏在长长的旗袍里，这种根本性的区别表达了一种不同的女性美学”。这种非直白的对人体美态的理性展示，不仅更加符合中国人的非酒神型文化传统，也体现了道家的含蓄美哲学。

（2）改良与继承的中庸之道

《中庸》是《礼记》的一篇，是礼学体系的一个部分。“中庸”二字出自《论语·雍也》（“中庸之为德也，其至矣乎”），在词典中的解释为“不偏不倚，调和折中的态度”。中庸之道的理论基础是天人合一，表现为天道与人道合一、天性与人性合一、理性与情感合一、鬼神与圣人合一、外内合一。其中《中庸》第二十五章揭示了外内合一，其文云：“诚者，自成也；而道，自道也。诚者，物之终始，不诚无物。是故君子诚之为贵。诚者，非自成己而已也。所以成物也。成己，仁也；成物，知也。性之德也。合外内之道也。故时措之宜也。”“合外内之道”，即外内合一，外内合天诚。所以中庸之道的天人合一，又合一于诚。这种外内合一又可以被视为品德意识与品德行为的合一，或者说成己与成物的合一，或者说是知与行的合一。

如此看来，所谓“中庸”，就是要以人的内在要求（人性、本心）为出发点和根本价值依据，在外部环境（包括自然的和社会的环境）中寻求“中道”。也就是使内在要求在现有的外在环境与条件下，得到最适宜的、最恰当的、无过与不及的表达与实现。而民国时期诞生于上海滩的海派旗袍，也正是在内（旗袍本身）与外（社会环境）的合一之中产生而出。海派旗袍脱胎于京派旗装袍，但是聪明而爱美的上海女人在上海这个有别于京城的自然和社会环境中，创制出了一个新鲜的玩意，就是中西结合的海派旗袍。因为民国时期的上海女人观念开放，海派旗袍的腰身紧了又紧、料子薄了又薄、开衩高了又高；因为民国时期的上海女人喜欢洋派，她们在穿海派旗袍时便配上了时髦的西式外套、毛领大衣，

图 61　20 世纪 30 年代百代公司的唱片广告中，年轻的女郎穿着领子很高的短袖旗袍，而旗袍的长度已经低垂至地面。此款旗袍虽然收紧了腰身，但是下摆长，几乎到达脚背，使得全身上下直接露出肌肤的地方并不多。如此看来，海派旗袍对人体的展示还是比较含蓄的。

还加上绝对不能少的高跟皮鞋和电烫的卷发；因为民国时期的上海女人爱时髦，海派旗袍于是不断地变着各种花样，领子一会儿高一会儿低、袖子一会儿长一会儿短、料子一会儿素一会儿花，各种关于旗袍的时髦叫你赶得又累又心甘情愿，欲罢不能。其实这些就是海派旗袍的魅力所在。

海派旗袍对京派旗装袍进行了诸多大胆改良之举，到了 20 世纪 30 年代后期，旗袍的裁剪和样板技术几乎都已经全部西化。不过改良旗袍并不是全盘地改良，许多的装饰细节之处并没有改变，比如旗袍领子、袖口、下摆的滚边，比如手工的盘扣、立领右衽等这些符号性的东西几乎没有改过。就是因为这些细节的存在，旗袍才可以称为旗袍。海派旗袍对旗袍进行的是改良而并非革命。因为只有这样，才能被更多的传统中国女人接受，被更多的时髦中国女人喜欢，海派旗袍也因此成就了“全民旗袍”的历史辉煌。以上这些大概都可算是海派旗袍的中庸之举了。

2. 海派旗袍与西方传统审美观念

根据中国传统审美观念强调的“美由气生”，即美来自人的气质神韵的说法，服饰审美突出的应该是着装人的气质美。而西方传统审美观念则不同，自文艺复兴以来西方艺术作品集中体现了人文主义思想，主张个性解放，歌颂了人体本身的美，主张人体比例是世界上最和谐的比例。在西方人看来，服饰的美在于它展示了衣着者本身的美，即身体的美、骨骼的美、肌肤的美、人体比例的美等，也可以说人作为自然界中的一种生物体的美。西方的服饰审美源于以人体为基础的衣着观念，它重视形体美以及人体的固有结构，强调对自然的描绘。因此纵观西方服饰历史，无论是男装或是女装，我们看到大多数服饰都以直白的方式展示着穿着者的身体。文艺复兴时期的男子下身穿着紧身的裤袜，还在两腿间挂上有精美装饰的“科多佩斯”（Cod Piece），其形象之大胆和直白，到今天看来都是叫人汗颜的，怎能简单地用“性感”二字来形容。同样从 15 世纪到 19 世纪末期，西方女性服饰经历了各种风格和款式的变化，裙撑和紧身胸衣也时有时无，但是胸、颈部和背部从来都大胆地暴露着。

西方人的着装观念向来直白，穿上衣服一方面是为了“遮羞”，一方面还要“展露”。而西方服饰对人体的展现不外乎两种形式：一种为直接地裸露，一种为间接地紧身。与西方服饰文化有着一定渊源关系的海派旗袍也使用了这样的伎俩。海派旗袍两侧高高地开衩，一方面当然是为了便于女性的行走和活动，而另一方面则是不折不扣地裸露了。民国年间的月份牌广告画也曾描绘上海女人旗袍的高高开衩，甚至于妙龄女郎侧身坐下时露出了里面的花边内裤来，由此可以想象其开衩之高。甚至有一段时间海派旗袍太过“裸露”了，

图 62　20 世纪 30 年代后期海派旗袍的裁剪和样板技术几乎已经全盘西化，但是改良旗袍的许多装饰细节并没有改变，比如旗袍领子、袖口、下摆的滚边，比如手工的盘扣、立领右衽等这些符号性的东西都几乎没有改过。此图为黑罗黄花边夹旗袍（领口局部），东华大学服装及艺术设计学院中国服饰博物馆藏。旗袍领口处装饰有黄色机织花边和黑色滚边，并配有黑色盘花纽。

图 63　蓝色滚黑边旗袍，东华大学服装及艺术设计学院中国服饰博物馆藏。通过海派的改良，宽大臃肿的旗袍吸收了西式服饰技术的可取之处，从而使得女性的曲线美和人体美尽显。

政府不得不出面干预，比如 1934 年 6 月 6 日国民政府颁布《取缔妇女奇装异服办法》，其中规定："旗袍最长须离脚背一寸；衣领最高须离颚骨一寸半；袖长最短须齐肘关节；左右开叉旗袍，不得过膝盖以上三寸……"

从造型和结构来看，海派旗袍对旗装袍服最大的颠覆就在于其对女性身体的展示。京派旗装袍的宽大和严密隐藏了女性优美的曲线和形体，而海派旗袍则改宽大和严密为合体和性感，从而使得女性的曲线美和人体美尽显。通过借鉴西方的设计理念和裁剪技术，传统的旗袍得到了改良，原来阔大宽松的旗袍变得适体收身，衣袖变短，最后短到无袖；开衩抬高，甚至一度高到了臀下的位置。不过海派旗袍到底还是上海的东西，还是中国的东西，上海女人的旗袍是绝对不能露出胸、脖子和背这些关键部位的。不仅此部分身体不露，还要尤其裹得严实，因此旗袍的领和袖一定要高高的，脖子则要围得紧紧的。同样裹得紧紧的还有旗袍的整个衣身，精致的剪裁和加工技术让海派旗袍将女性的身体线条表现得淋漓尽致，这种紧紧的包裹不仅没有突破中国人的风化底线，倒还更有了另一种韵味。

第四部分

Chapter-[illegible]

中国港台篇（1949—[illegible]）

余存——西化的性感与怀旧[illegible]

Unit-11

第十一章 中国香港篇（1949—1977 年）

香港在地理上与广州相依，而广州是清朝对外开放的唯一商埠。因此在清朝时，香港便一直在对外通商中扮演重要角色。英国人早年看中香港的维多利亚港有成为东亚地区优良港口的潜力，不惜以鸦片战争来从清朝政府手上夺得此地，以便发展其远东的海上贸易事业。1842 年至 1997 年 6 月 30 日，香港被英国殖民统治。1945 年后，中华民国政府无力向英国政府讨回公道。1949 年中华人民共和国成立，香港成为中华人民共和国转运物资、征集资金、收集信息的唯一窗口。

最初的香港是一个人口稀少的岛屿，仅有几个小渔村。1949 年以后，大量移民涌入香港，移民人口一直是香港人口组成和人口增长的主要因素。二战后至 20 世纪 50 年代初的移民潮，使香港人口达到 200 万，1961 年突破 300 万，1971 年为 400 万，而到了 1981 年已有 500 多万。数次移民潮之后的香港成为世界上人口密度最高的城市之一。当然，战后的香港不仅人口高速增长，经济也高速发展。独特的地理条件和历史变迁，成就了香港的飞速发展，古今中外文化传统的聚合使其从小渔村发展到世界上最为繁忙的商业、金融、股市、制造业中心和集装箱码头之一。

而从社会变迁来看，由于政治和历史的因素，它长期处于英国殖民统治之下，形成了历史文化上的特殊性。因此香港是一个多元文化共存的社会。虽然香港社会的主要人口为华人，社会主流文化是以岭南文化为主要表现形态的中华文化，但是一个多世纪以来的英国殖民统治历史，使香港成为一个有着特殊社会构成的地区。香港既不是一个传统的中国式的城市，也不是一个完全西方化的社会。虽然它从地理位置上与中国大陆紧密相连，但长期以来又游离于中国大陆政治、经济和文化的中心之外。

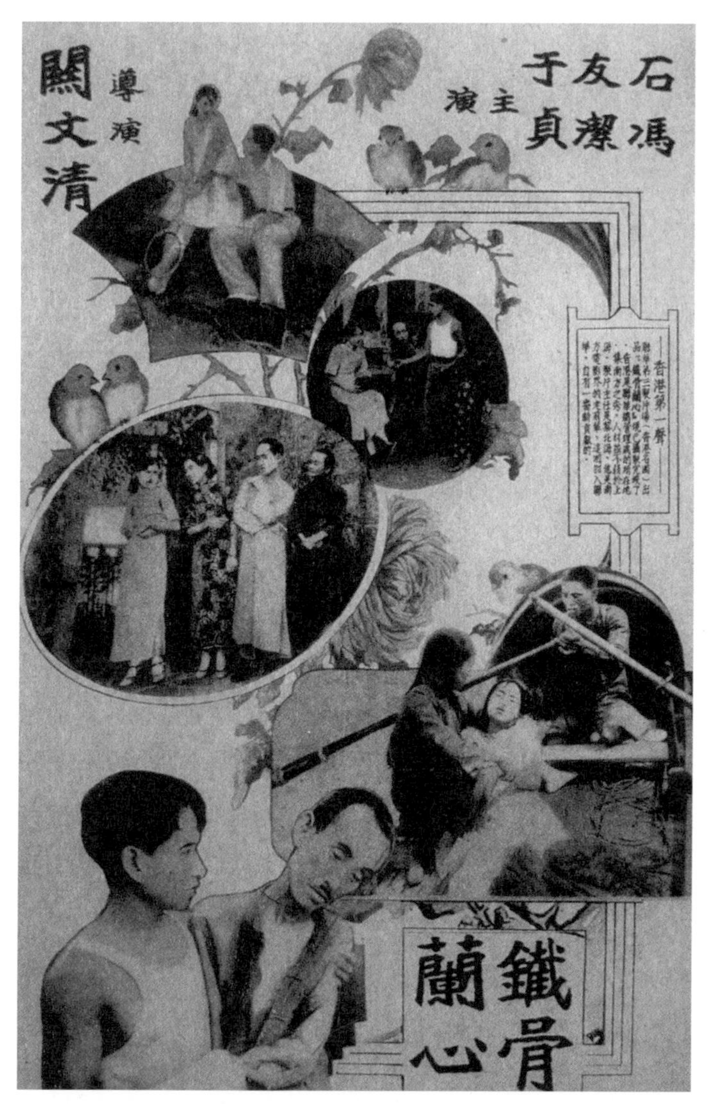

图 1《铁骨兰心》是 1931 年香港拍摄的首部反封建爱情片，为无声电影。此图为电影海报，从中可以看出当时的香港中产阶级以上的女性大多以旗袍为日常服饰，而当地渔民及社会底层女性则是穿着一种上衫下裤的“客家装”。

一、基本形制及变迁

1. 海派旗袍的延续（1949—1959 年）

（1）基本形制

20 世纪 30 年代以后，旗袍基本上成为中国城市女性最普遍的衣装。上海是当时中国最时尚的城市，也是旗袍穿着最普遍的地方，而远在南粤的香港女性也紧跟这一时尚脚步。一向被看作是张爱玲自传小说的《小团圆》中关于女主角九莉在香港大学读书的一段描写，也基本上可看作是作者本人于 1939—1941 年在香港大学学习的真实生活记载。文中的香港大学学生有上海人、广东人、西北人……这些女学生的日常衣装均是一身旗袍。书中记载了 1941 年太平洋战争前夕，香港的广东人大商家之女赛梨的衣装打扮："齐肩的鬈发也跟着一蹦跳，缚着最新型的金色阔条纹塑胶束发带，身穿淡粉红薄呢旗袍，上面印着天蓝色小狗与降落伞。"从文中可见，20 世纪 40 年代初期，香港当地人的旗袍是极其时髦而新潮的，旗袍的面料图案竟然是天蓝色的小狗配着时髦的降落伞，充满了童趣和新潮玩意儿。这样的一身旗袍与卷卷的头发、金色的塑胶束发带倒是十分搭配。

总体而言，1949 年以后的香港旗袍时尚还是海派风格的延续。1949 年以后，大陆移民到达香港，这批移民中上海人很多。甚至在很长一段时间里，香港人所说的"外省人"专指上海人。上海人带去了海派的生活方式，她们在中国香港继续着穿花样旗袍的考究生活，即使经济上已经大不如前，可该讲究的还是要讲究的，这才是不折不扣的上海人。从款式特点来看，20 世纪 50 年代的香港旗袍与战后的海派旗袍还是有一定的差异，主要是旗袍的腰身十分收紧，三围曲线更明显，而肩部线条较圆，臀部和胸部造型有些夸张。从侧面看，三围之间的过渡凹凸明显，而不似海派旗袍那样流畅和自然。臀部造型则有一定的夸张之势，整体形成了细腰、丰臀的夸张的视觉效果。从长度来看，其则延续了中等长度的典雅风格，整体风格是在典雅中突出成熟和性感。这种下摆长度基本与 20 世纪 40 年代后期的海派旗袍无明显差异，一般到膝盖以下 4 ~ 5 厘米，一方面便于人体活动，另一方面又保持了淑女的优雅气质。款式细节中值得注意的是高领子，此时旗袍的立领比较高而硬挺，且与颈部贴合度高，即紧紧围绕脖子而成，与 20 世纪 30 年代的上海旗袍相似。这种高领旗袍很好地展示了东方女性纤长的颈部形态，突出了典雅气质。

（2）整体形象及搭配

20 世纪 50 年代的香港旗袍形象从整体上来讲，风格成熟而优雅，并透出些许的性感。整个 20 世纪 50 年代可以说是香港女人的旗袍时代，旗袍穿着十分普遍。而旗袍的形象也在传统之中融合了许多西方的时尚细节，与旗袍搭配的其他服饰品也十分西化，主要包括

图 2　1952 年 7 月上映的香港电影《妇人心》剧照，该电影是由卜万苍编剧并导演的都市现代伦理剧。在人物装扮上，男性基本上西装革履，女性则是典雅的旗袍，前额为刘海高耸的电烫发型。这种发型早在 20 世纪 40 年代在上海便开始流行了。

图 3　1955 年的香港电影《泣残慈母泪》为时装片，讲述一位错嫁富豪的母亲养育儿女成才的故事。此剧照中一人为太太，穿着旗袍，梳着大波浪式的及肩电烫卷发；另一人为典型的下层使女装扮，穿着上衣下裤的花布套装，梳着长长的辫子。

胸衣、饰品、卷曲的烫发、浓艳成熟的妆容。

▪胸衣：20 世纪 50 年代流行的尖角形状胸衣，在很大程度上影响了旗袍的穿着外观。这是一种顶部有尖角的夸张胸部的胸衣。胸衣使用转圈式连续缝制的方法制作，并且在胸衣的罩杯顶点处使用填充物，从而塑造出尖尖的呈锥形的胸部。这种胸衣早在 20 世纪 30 年代就出现了，但是在 20 世纪 50 年代尤其流行，欧美女性普遍穿用。正是由于这种尖锥形胸衣的流行，20 世纪 50 年代的香港旗袍从外观形象上更加突出了女性的胸部形态，旗袍的胸部造型也呈现了前所未有的坚挺和丰满。

▪配饰品：与旗袍搭配的配饰品等呈现出典雅和传统的风格，首饰上的材料则多以珍珠、宝石为主，款式也比较保守，风格成熟。比如耳环多是紧贴耳垂的米粒式、圆珠式等。与旗袍搭配的饰品还包括手套。此时的手套在西方女性中十分流行，是塑造迪奥式成熟风格女性形象的典型饰品之一。对西方时尚敏感的香港女性也喜欢戴手套，将其作为装饰性的饰品。这些或长或短的西式手套以及高高的旗袍领子，将香港女人的脖子和手臂都密密实实地包裹起来，让 20 世纪 50 年代的香港旗袍形象又多添了一份典雅之气。

▪发型与化妆：可以说，20 世纪 50 年代的香港旗袍形象在很多方面与西方最时髦的女性形象几乎是一致的。20 世纪 40 年代流行的长长的大波浪卷发退出了舞台，取而代之的是蓬松的短卷发。这种造型蓬松的短卷发不但需要花费一定的吹剪功夫，还要精心地上卷才能成形，额前的刘海做成若干个小卷，顶部的头发吹得高高的。整体感觉成熟，同时也稍显做作。

此时的女性化妆就更加西化了，时髦的香港小姐或太太们虽然穿的是东方的旗袍，但化妆则完全西化，几乎难以找寻“柳眉细眼”或是“樱桃小嘴”式的传统东方美人模样。女人们将眉毛加深加黑，画得又高又弯，深深粗粗的上眼线则有意上挑，红红厚厚的嘴唇丰满诱人。与旗袍相配的面部妆容变成了西洋情调的深目大眼和红唇。总之，香港的时髦女人开始用“浓眉大眼”的妆容来搭配中式旗袍了。

（3）旗袍与西方时尚

战后全球经济迅速发展，人们的生活水平、物质水平均有较大的提高，也有了更多装扮自己的闲暇时光和金钱。由迪奥所创造的“新风貌”出现于二次世界大战以后，由于战争时期女装男性化的倾向，使得战后的女性转而十分憧憬优雅的曲线之美，希望突出女性本身的特质。“新风貌”的特点是平缓的自然肩线、收紧的腰部、宽阔的裙子、长至小腿的大摆，整体外形优雅，十分有女人味。这种娇柔、优雅、高贵而性感的全新面貌，继续在20世纪50年代征服着西方世界的所有女性。因此20世纪50年代的西方女性性感而成熟，无论年轻的还是有一些年龄的女性都将自己打扮得很有成熟女性的味道，性感中透出一种

图 4　20 世纪 50 年代流行的胸衣使用转圈式连续缝制的方法，且在罩杯顶点处使用填充物，使得女性的胸部造型呈现出锥形。此图为 20 世纪 50 年代的胸衣广告。

图 5　香港发行的周报《周末报》（1959 年第 144 期）上刊登的电影公司新人罗敏的照片。图中的旗袍受当时流行的西式尖角形状胸衣的影响，胸部也呈现较尖的造型。

图 6　20 世纪 50 年代香港女性以旗袍为日常主要服饰，并搭配风格成熟典雅的饰品，比如珍珠项链和耳环等。

图 7　香港发行的周报《周末报》（1959 年第 44 期）上刊登的国语影星陈娟娟小姐的照片。图中身穿花旗袍的影星画着又黑又深的粗眉毛以及浓重的眼线，以西方人的“浓眉大眼”来搭配中国旗袍。

图 8　战后人们的生活富足而休闲，西方女性服饰又开始优雅、有女人味起来。女性服装在廓形上追求的是柔软的线条、斜肩、滚圆的臀部及极为狭窄的腰部。

图 9　20 世纪 50 年代，香港中上层女性身穿旗袍十分普遍，而与旗袍相搭配的化妆和发型则完全西化，比如红艳的唇、粗黑的眉、有意上挑的眼和顶部吹得高高的蓬松头发，几乎与西方美女一模一样。

老练。女性的化妆也比较浓艳，比如口红很艳，唇形特别饱满，眉毛粗粗的有折角，上眼线浓重并有意上挑，指甲油很流行，时髦女人长长的指甲上都会涂上艳丽的红色……这些都体现出了当时女性审美风格的成熟化倾向。

虽然此时香港旗袍从整体风格来看，还是20世纪40年代海派风格的延续，其温婉和优雅气质不改，但也受到了西方潮流的影响。其中比较突出的特点是旗袍的三围落差较以前明显，即收腰加强，而臀部和胸部比较夸张，在廓形上追求的是柔软的线条，突出斜肩、圆臀以及极为狭窄的腰部。这种突出三围落差的款式特点几乎与迪奥的"新风貌"一脉相承，旨在塑造成熟、优雅、高贵而性感的都市女性。尤其在面部化妆和发型上香港女性更是与西方女性没有差异，都是一样的浓眉大眼、欲滴的红唇和顶部高高的蓬松短发。

2. 西方人创造的性感（1960—1969年）

整个20世纪60年代，香港旗袍的发展大致可分为两个阶段，基本以1966年为界限。在第一阶段中，旗袍仍然是香港女性的主要服饰之一，是20世纪50年代香港旗袍黄金时期的延续。第二阶段则是1966年以后，香港旗袍呈现出不景气之势，旗袍逐渐淡出女装舞台。

（1）基本形制

温婉优雅的旗袍形象在20世纪50年代末期不再流行。香港是一座移民的城，其中不少是西方人。西方人需要性感的"苏丝黄"式的旗袍。苏丝黄旗袍从外形轮廓上来讲有两大特点。首先是旗袍的长度短而开衩高，下摆刚刚到膝盖位置，甚至可以更短，如西方的超短裙一般。其次是旗袍的立体造型。如果说海派改良旗袍通过适当的省道等技术，使女性的胸、腰、臀曲线圆滑地过渡的话，那么此时的旗袍则大大地夸张了女性的胸、腰、臀曲线。在这种旗袍的装扮之下，中国女性的腰部空前的细，而胸部和臀部则是从未有过的圆浑和丰满。旗袍包裹下的中国女性成熟、性感、美艳而神秘。

20世纪60年代后期，随着香港工业的大发展，女性开始走出家庭，涌入社会。在美国电影文化的影响之下，香港电影业也开始拍摄大量轻松的都市电影。1966年，香港歌舞电影大热门，大卖的电影包括《彩色青春》《姑娘十八一朵花》《少女心》等一大批，影片中的女演员们的着装完全西化，这种轻松活泼的西式服饰形象受到了极大的欢迎，也催生了以陈宝珠、萧芳芳为代表的20世纪60年代后期的平民明星。这些电影和明星起到了大力推广西式流行服装的作用，年轻的女性开始以陈宝珠、萧芳芳这样的明星为偶像，都穿起了短短的直腰身的裙子，而旗袍的穿着数量大量减少。同时旗袍的整体风格有所改变，直腰身的简洁旗袍流行，这主要是受西方少女装扮风格的影响。简单的无多少装饰细节的旗袍，反而更能展示活泼可爱的年轻女性的青春之美。

图 10　1960 年的《人海孤鸿》堪称香港电影的代表作之一，主演除了有当时知名的吴楚帆和白燕外，还有日后红遍全球的李小龙。片中扮演少妇的白燕所穿的旗袍明显突出和夸张了三围曲线，腰部和臀部也比以前紧了许多。

（2）整体形象及搭配

20 世纪 60 年代的香港旗袍形象，从整体上来讲前期成熟而性感，后期则比较活泼而年轻化。

▪ 发型与化妆：20 世纪 50 年代吹得高高的短卷发不再流行，此时流行长发，一般到肩膀或者更长一些。不过流行的发型要在发型屋里做出来，顶部头发要吹得高高的，并做出一定的型来。发尾部分也不似今天的披肩发般随意披垂而下，而是要修饰一下。比较流行的方式是卷成向外翻卷的式样，带有一丝俏皮味道。整体风格不似 20 世纪 50 年代那样成熟而做作。另外宽发带很流行，顶部吹得高高的长发配着宽宽的发带，发带的质地和色彩一般与衣服相配。

化妆方面延续了 20 世纪 50 年代的西化风格，眉毛还是比较浓和宽，位置画得较高，眼线在眼尾位置稍微上挑，嘴唇则丰满而红润。但总体而言，化妆比较淡，浓眉大眼的形象有所减弱，再加上俏皮和活泼的发型，20 世纪 60 年代的香港旗袍形象在性感之中带着大时代背景下所流行的青春风格。

▪ 配饰品：饰品的选择方面呈现出明显的年轻化风格。尤其是在 1966 年以后，年轻的女性喜欢款式简洁而新潮的饰品，而不太讲究材质，比如大大的塑料材质的紧贴耳垂式耳环、项链，色彩也很活泼艳丽，有红色、蓝色、黄色等，还带有塑料材质特有的光泽效果。虽然这些材质廉价的饰品看起来并不华贵，也不精致，但时髦新潮，充满了时代气息，因而大受欢迎。

（3）旗袍与西方时尚

20 世纪 60 年代是一个变革的年代，变革及创新体现在西方社会的各个方面。全世界掀起了一场空前的“年轻风暴”，尤其是 20 世纪 60 年代中后期，追随时尚的年轻人完全抛弃了 20 世纪 50 年代凸显身体的形象，转而向往高瘦型的扁平、苗条身材。从女性的服饰装扮来看，“超短”是 20 世纪 60 年代的代表性词汇。伦敦年轻的设计师玛丽·奎特（Mary Quant）针对具有反叛精神的青少年，推出了这种长度到膝盖以上的短裙子。这种造型新颖、风格明快的款式很快受到了年轻人的欢迎，而后超短裙的高度一再上提，成了 20 世纪 60 年代最流行的服装款式之一。另外民族风貌也是此时的热门风格，西方人转而喜欢尝试一些在他们看来具有民族风格、充满新鲜感和异域情调的服装和饰品。

西方服饰湖流中的民族风情和超短风貌似乎都可以很好地解释“苏丝黄”式旗袍的大热门。因为它在西方人眼里是绝对具有异域情调的别样服饰，充满了新鲜感和诱惑力。而且“苏丝黄”旗袍从长度上讲，也可以算是超短的，或者说从某种程度上来讲，“苏丝黄”旗袍就是东方的超短裙，是 20 世纪 60 年代超短风貌在中国旗袍上的一次嫁接应用。

图 11　1960 年由岳枫导演、乐蒂主演的《畸人艳妇》讲的是美女配丑夫的故事，获得了 1961 年第 8 届亚洲影展最佳编剧奖、最佳黑白摄影奖。女主角的一袭桃红色收腰旗袍，突出夸张了胸部，而腰部的收拢也有意加强，明显受到了当时流行的西方女装的影响。

图 12　21 世纪初期，香港芭蕾舞剧《苏丝黄的世界》的宣传海报。女主角苏丝黄还是穿着紧身的旗袍，高高的开衩尤其突出，黑黑的长头发，头发上系着宽宽的发带。看来这样的“苏丝黄”形象无论是在西方人还是在中国香港人的心目中都永远地定格了下来。

3. 回归传统与逐渐没落（1970—1977 年）

香港旗袍从 20 世纪 60 年代后期开始走下坡路。到了 20 世纪 70 年代，从款式和风格上来看，旗袍的中国味道有所回归，但数量逐渐减少，旗袍也逐渐退出女性服饰的主流舞台。此时的旗袍更多的只是出现于一些特别的场合，比如酒会、宴会等，明星们则喜欢在一些商业演出和公开场合穿旗袍。

（1）基本形制

20 世纪 70 年代穿旗袍的人不多，但是一旦穿起旗袍来，就一定要穿出旗袍的传统味道，因此此时的旗袍反而非常回归传统，比如长度一般很长，甚至快拖到脚面上，而侧面的开衩还是一如既往的高。整体廓形方面，也不似 20 世纪五六十年代时期那样非常紧身，腰身的收拢程度和臀部的包裹程度比较适中，旗袍的袖子也相对宽松。立领的高度较低，与颈部的贴合度也不是十分紧密。传统旗袍中的一些典型细节，比如滚边、盘扣等使用较多。在一些特别的场合才出现的旗袍，总给人一种舞台表演式的颇具戏剧化的装饰感觉，其中多层次滚边的应用，以及使用色彩、图案对比强烈的面料来进行滚边等的处理，似乎有些回归清末民初的潮流。比较有趣的细节还包括衣领、门襟和侧面开衩处的宽贴边，一般采用云纹、如意纹等图案，这样的细节其实在民国时期的海派旗袍已经不太使用，而在 20 世纪 70 年代的香港旗袍中反而大量再现，这种现象也正印证了 20 世纪 70 年代全球化的怀旧风气之盛行。

作家施叔青的“香港的故事”系列小说的第一部便起名为《愫细怨》，愫细其实就是《苏丝黄的世界》中的苏丝，源于同样一个英文单词“Suzie”，只是译音不同罢了。这个苏丝（愫细）与一名西方人狄克结婚，狄克是一位“从小在旧金山长大的美国男孩，因向往东方文化而娶了中国女孩为妻，能够住到属于中国的香港来，实在是他向往已久的”。然而这个曾经对中国和中国女孩无限向往的狄克，却还是离开了东方的苏丝（愫细），去找了普通的美国女孩。因为“比起旧金山的唐人街，香港的中国味道显然不及它浓”。小说发表于 1981 年，推算起来，其讲的故事发生在 20 世纪 70 年代末期。此时香港的中国味道弱了，西方人倒是有些失望和不习惯。这个苏丝（愫细）不再穿着超短的高开衩旗袍，“现在愫细穿着最近流行的下摆很宽的滚边细花绸旗袍，她的丹凤眼直直插入发鬓，眼皮涂了时兴的腻红……愫细的这身旗袍也不再是穿给西方人看的了，她的男友也早就换成了来自大陆的香港人，“今天她这一身穿戴全是他为她置的，愫细花枝招展的模样使洪俊兴笑得合不拢嘴”。

（2）整体形象及搭配

▪ 发型与化妆：长长的呈现出自然状态的发型流行于 20 世纪 70 年代，人们穿着旗袍时的发型也是如此。头发式样注重多层吹干，两侧自然地翻卷而上，配合的化妆则比较自然。从化妆的手法上看，眼睛、眉毛和唇部都倾向于自然的形状，比如眉毛纤细、眼线自然。不过从色彩的使用上来讲还是比较明艳的，流行的眼影颜色包括红、蓝、紫等，且有光泽效果，口红也很红艳。色彩明艳而细致的面部妆容与回归传统、注重装饰的 20 世纪 70 年代和谐相配。

▪ 配饰品：与旗袍的中国传统味道一致的，是搭配饰品的中国化。女性身穿旗袍时，佩戴的大多是传统的中国饰品，比如手镯、耳环等，且材质以玉质为多，或者是东方人一向喜欢佩戴的金、银、各色典雅的宝石等。这种饰品的流行风潮，一方面是由 20 世纪 70 年代旗袍本身的传统风格回归所致，另一方面则由西方世界里特别盛行和推崇的所谓的“民族风格”的服饰装扮所影响。此时越是民族化的东西，反而越是时髦，越是紧跟时代潮流。

（3）旗袍与西方时尚

充满怀旧味道的 20 世纪 70 年代，是一个社会经济状况和人民的社会情绪均不稳定的时代，西方服装舞台亦呈现出一片混乱的状况。年轻人是社会最活跃、最敏感的群体，他们追求着装的个性化，且利用服饰来表达自己的独特个性，拒绝商业味的时装。此时的女性服饰整体形象呈现出个性化、不拘一格的反传统风格，流行的服饰包括超大风格、少数民族风格等。整个服装外观松散，不定型，款式特点则是宽松和肥大，一般采用直线裁剪，不强调服装的合体性。西方女性化妆一般不使用过于艳丽的色彩，“自然美”是这个时期提出来的口号，眼影一般使用棕色系和紫蓝色系等常用色，讲求纤细的眉毛。头发式样注重多层吹干，明亮而健康。

跟随西方世界里怀旧风格的潮流，20 世纪 70 年代的中国香港也流行起所谓的“怀旧时尚”。早期海派旗袍重新被拾起，流行的旗袍款式比较长，而且从一些细节上来讲也趋向于使用滚边、细碎的花纹图案等。不过从总体的穿着数量上来看，20 世纪 70 年代的旗袍在香港已经不再是女性的主流服饰。由于西方宽松服饰风格的影响，紧身合体的旗袍不再受到女性的普遍欢迎。无论从穿着的外观形式感，还是穿着的舒适度来看，旗袍已经不入流了。从 20 世纪 70 年代香港城市女性的生活状态看，旗袍作为日常穿着服饰也是不合适的。因此，此时的香港女性即使穿着旗袍，也一般选择比较宽松、腰部收拢适中的款式，以适宜日常生活。旗袍款式的宽阔之潮流，似乎也暗合了西方主流服饰舞台上的“超大”风貌。

图 13　20 世纪 70 年代西方时尚杂志上的广告。模特的化妆淡化眉毛而突出眼部，使用多种眼影晕出立体式的眼睑，大块面的胭脂渲染使脸更有立体感，同时多层次的蓬松卷发成为时髦。

图 14　20 世纪 70 年代身穿旗袍的香港小姐。面部化妆采用大块色彩晕染的块面式画法，前额侧分的蓬松长卷发几乎与同时期西方女性最流行的面部化妆及发型没有区别。

二、中国香港旗袍的传播与流行

1. 中国香港旗袍流行的原因

（1）外省人的旧梦未醒

20 世纪 50 年代迁徙到香港的人来自大陆各地，富有而讲究穿着的上海人是其中的主力军。这些上海人，在香港开始了新生活。这些上海人不仅人到了中国香港，还将其生活习俗带到了香港。周信芳女儿周采芹在自传《上海的女儿》中如此描绘 1951 年由上海到香港时的情景：“讲着各种方言的同胞们从各个省份涌进香港。一向高傲的上海人不愿在乡巴佬面前示弱，而当地人也同样看不惯上海人。”迁徙到中国香港的上海人希望过富足而享乐的生活，即使此时的他们已经早就不如从前那般富有。“我们曾和一帮上海人一起逛香港，吃海鲜，买东西，在市场上讨价还价，乘着摆渡到香港岛去，从太平山顶看着港湾里的小船开来开去，然后在浅水湾游泳，在避暑胜地大酒店的阳台上吃饭。我们也去了夜总会，并把它和上海的相比较，尽管上海的夜总会已经人去灯灭了。”

上海曾经的时髦和享乐被上海人带到了中国香港。当时的中国香港承接着老上海的一切生活，比如娱乐、语言、服饰等。一时间，香港的舞场热闹、舞女泛滥，而女人的旗袍和男人的西装也一并兴隆起来。直到今天，香港岛的北角地区仍然有“小上海”之称。这里是上海人在中国香港的集聚地，超市里、卖场里不时飘来几句柔软的上海腔与广东话相互交错，成为中国香港独特的文化风景。中国香港女作家西西在小说《美丽大厦》里有一段电梯里的精彩对话，写到电梯的门敞开，一位妇人踏步进入，与另外两名女子开始对话：“……今日迟先至去买”“……我今朝起得晏哉”“……你咳嗽好返的未丫”“……断命格咳嗽，交关厉害，唔没好过”“天时唔正，煲的南北杏蜜枣食下，几好”。这是一栋典型的香港大厦，人们说着各自的语言，粤语、上海话是其中最主要的方言。对这种上海话与广东话的交融生活，王家卫的《阿飞正传》将其描绘得可谓惟妙惟肖。男主角“阿飞”操着广东话与一口吴侬软语的母亲争吵，其间还夹杂着一口粤语的女朋友。电影中描绘的是 20 世纪 60 年代后期的香港，而导演本人也是 1963 年移民中国香港的上海人，所以这样的场景应是导演当年生活的真实片段。中国香港作家西西也曾写道：“过去的中国香港人总把‘外省人’一概看成是上海人，近年跟中国台湾、大陆来往多了才弄清楚他们的分别。”其实这也不能怪中国香港人，实在是彼时中国香港的外省人大多来自上海。

（2）西方人的猎奇和对西方人的取悦

由于历史等诸多原因，香港的殖民文化色彩极其浓厚。张爱玲写于 1943 年的小说《沉香屑：第一炉香》以当时香港半山上的上层社会堕落的社交生活为背景，而其开篇中便道出了当时香港社会的殖民色彩。书中写到女主角葛薇龙第一次走进香港半山的豪宅，“从走廊上的玻璃门里进去是客厅，里面是立体化的西式布置，但是也有几件雅俗共赏的中国摆设。炉台上陈列着翡翠鼻烟壶与象牙观音像，沙发前围着斑竹小屏风，可是这一点东方色彩的存在，显然是看在外国朋友们的面上。英国人大老远地来看看中国，不能不给点中国给他们瞧瞧。但是这里的中国，是西方人心目中的中国，荒诞、精巧、滑稽”。小说中还写到了女主角所穿的校服，更是具有殖民色彩：“她自身也是殖民地所特有的东方色彩的一部分，她穿着南英中学的别致的制服，翠蓝竹布衫，长齐膝盖，下面是窄窄裤脚管，还是清朝末年的款式；把女学生打扮得像赛金花模样，那也是香港当局取悦于欧美游客的种种设施之一。”

20 世纪 50 年代以后的中国香港仍然如此，社会上的种族歧视仍然随处可见，金发碧眼的白种人在中国香港总是高人一等的。在这样的环境中成长起来的中国人或多或少地有着崇洋的心理。在这样的崇洋心理之下，他们又不可避免地喜欢看所谓“洋人的脸色”。1957 年，小说《苏丝黄的世界》的发表，尤其是 20 世纪 60 年代好莱坞同名电影的首映，可以算当时西方世界里关于香港的最著名的文化事件之一。这个发生在香港红灯区的故事之所以受到西方观众如此欢迎，其“异国情调”起到了决定性的作用。“50 年代的西方观众很喜欢看身穿高开衩旗袍的东方姑娘”——苏丝黄的主演日后的这番话语，道出了其中的原因。据说由于“苏丝黄”的成功，当时去中国香港的外国游客竟然提出要专门去湾仔看看穿高开衩旗袍的中国妓女苏丝黄。从某种程度上来讲，香港的苏丝黄旗袍已经不是真正的中国旗袍，旗袍中各种传统细节的存在也只是为了满足西方人的猎奇心和观赏欲。

中国女人的旗袍不仅成就了西方人眼中的中国美，也促成了西方人眼中的性感、神秘东方的符号。猎奇的西方人在自己的时尚之中也好奇地使用了旗袍，据说当时西方的女孩子，流行起黑黑直直的头发，画着黑黑的眼影，并穿起了新奇的中国旗袍，虽然窄身的旗袍在平肩厚胸宽臀的西方女人身上并不能算是美妙。也许是由于西方人也发现了旗袍的美，中国人便也更加地喜欢穿旗袍了，在 20 世纪五六十年代的中国香港，无论是年轻时髦的女孩，还是成熟的少妇们，都喜欢一身旗袍的装扮。

（3）红帮裁缝的迁徙

中国香港虽然地处太平洋与印度洋之间的航海要冲，却是一个弹丸之地，资源相对缺乏，20 世纪 40 年代以前，几无工业可言。1949 年以后，制造业在香港迅速崛起，这与当年上海人的大迁徙有着密切的联系。英国学者弗兰克·韦尔什所著的《香港史》一书，被认为是西方最权威、最详尽的香港通史著作，其中亦提到 1949 年以后的上海移民潮对中国香港发展的重要作用——“上海实业家成为这一潮流的弄潮儿……上海企业家在经济上发挥了决定性作用”，并带来了技术、资金和业务经验。

图 15　20 世纪 50 年代中国香港的内地移民中，上海人最多，这些上海人也将昔日上海的生活习俗带到了中国香港。此图为 50 年代早期中国香港电影《恋爱十年》剧照，其中女性的服饰、发型和化妆等装扮几乎是海派旗袍的翻版。旗袍风格朴素，还搭配一度十分流行于上海的手织针织背心。

图 16　旗袍也一度成为好莱坞明星们追逐的时髦。此图为著名的好莱坞明星，也就是后来的摩纳哥王妃格雷斯 · 凯利身穿立领无袖的中国绸缎旗袍。

图 17　20 世纪五六十年代，在西方人眼中，旗袍更多的是与香港这座城市相连，而不是我们所以为的上海。西方的设计师们，开始热衷于使用旗袍元素进行设计，为了强化其中的旗袍元素还将时装大片的背景放在了香港的街头。

上海红帮裁缝的迁徙，开始于 20 世纪 40 年代后期。由于上海西式服装行业的萎缩，红帮裁缝从上海移师香港和海外各地寻求发展，其中 80% 的人移居香港。据统计，20 世纪 50 年代初期，上海到香港的红帮裁缝有 600 多人。由于红帮裁缝的大迁徙，上海旗袍的精致、时髦也来到了香港。这些手艺高超的红帮裁缝，在香港继续着中西结合的好手艺，将海派服饰在香港发扬光大。上海作家程乃珊曾经在书中提到祖母的一位旗袍师傅：“跟了祖母多年后，甚至还跟去了香港……60 年代他就在九龙尖沙咀海旁群立的五星级酒店之一的香港酒店大堂内开出一家专门承做旗袍的五星级时装店，专做游客生意。”南下香港的上海裁缝师傅在香港很是吃香，因为他们“靠一手旗袍绝活发了财——其中一绝是旗袍腰身不是靠打裥，而是靠手扯衣料扯出来的”，程乃珊书中讲到的“手扯”就是归拔技术的应用。

旗袍师傅大多有自己的绝活，完全靠着手感吃饭，因此有钱人家的太太、小姐们，还有香港的明星们都有自己固定的旗袍师傅，不时地定制自己的旗袍。20 世纪 60 年代初期，甚至有西方的大明星们专门找香港旗袍师傅定制旗袍。据统计，在中国香港旗袍的最高峰时期，全香港来自上海的旗袍师傅有 700 多人，这些有着一手旗袍好手艺的上海师傅们与当地的旗袍师傅组成了庞大的旗袍生产线，造就了中国香港旗袍的别样辉煌，而他们自己也在中国香港这个南粤之地开始了职业生涯的又一春。

2. 中国港旗袍的穿着人群

（1）女学生们的校服旗袍

20 世纪五六十年代，中国香港的许多学校将旗袍作为校服，女学生一身朴素的蓝色旗袍装扮十分有特色。亦舒的小说《独身女人》里讲了一位中国香港中学女教师的故事，小说里的学生制服便是旗袍。“像我们班上的何掌珠，十六岁零九个月，修文科，一件蓝布校服在她身上都显得性感，蓝色旗袍的领角有时松了点，长长黑发梳条粗辫子，幸亏班上的男生都年轻，否则都一一心跳而死。”就是普通的蓝布校服旗袍，竟然被写出了几分诱惑。

这种以蓝色布旗袍为校服的传统，其实源于民国时期。自 20 世纪 20 年代以后，内地的许多学校都以布旗袍为女生校服，从色彩上来讲也大多使用天蓝色，即“二蓝”。“二蓝”是一种颇具中国传统特色的色彩，是指以蓝草制成的土靛为染液原料进行染色时，染第一遍而成的颜色是月白色，染第二遍而成的即为“二蓝”，染到第三遍后颜色较重，称为“鸦青”。“二蓝”旗袍一直以来都是校服旗袍的标准用色。张爱玲《小团圆》里描写的 20 世纪 40 年代初在香港大学里读书的女学生，也有穿着这种“二蓝”的旗袍的。

从款式来讲，校服旗袍的特点是直腰身，长度一般到小腿，款式风格保守，也较好地

图 18　来自上海的旗袍师傅们继续为中国香港的旗袍繁荣做着贡献，在他们的妙手之下，香港女人愈发娇艳美丽。图为 1959 年香港发行的《周末报》上的香港娱乐界明星王熙云。

图 19　身材高挑的夏梦气质大方高雅，此件旗袍明显是改良款式，将传统旗袍的立领、斜襟保留，而其他细节则明显受 20 世纪 50 年代流行的迪奥“新风貌”的影响，在廓形上追求的是柔软的线条、斜肩、滚圆的臀部及细细的腰部，就连手套也是 20 世纪 50 年代迪奥式女装的必备饰品之一。

考虑到学生的活动方便。因此校服旗袍与改良旗袍无论是款式上、裁剪技术上，还是风格造型上都有较大的区别。不过这种传统款式的服饰，旨在塑造传统的文化教育氛围，比如至今已有130多年历史的中国香港真光中学由1872年在广州创立的真光书院发展而来，学校在第二次世界大战结束后规定了旗袍校服。其实让学生穿着旗袍上学，是当年这些西方背景的学校赢得中国社会认同的方式之一。而后来旗袍校服的延续，则成为中国传统文化教育的一种方式。直到21世纪，中国香港仍有一些以旗袍为女生校服的中学，包括香港真光中学、九龙真光中学、真光女书院、英华女学校、圣士提反女子中学、圣保禄中学和培道中学等。

（2）明星们的旗袍

中国香港的电影业起步较早，并在战后得到了很大的发展。据统计，在1950年到1970年间共出产电影3000多部，几乎每年拍摄电影达150部。电影一直是香港市民最主要的消费、娱乐活动。其中20世纪50年代著名的电影公司有长城、凤凰、新联、永华、新华、亚洲等。20世纪60年代以后则是电懋、邵氏、嘉禾公司的黄金时期。香港电影的制胜法宝之一是施行捧明星制，这种方法其实早在民国时期上海电影界便开始使用，且取得了极好的效果。香港的电影界亦不例外。生机勃勃的电影造就了许多明星，而且在当时的香港电影界有个很奇怪的现象，就是女明星红过男明星，女明星的片酬高于男明星，也就是阴盛阳衰。这些美貌的女明星引领着香港女性的时尚装扮潮流。

林黛无疑是20世纪50年代香港电影界最耀眼的女星。中国香港邮政局曾于1995年推出一套四款的“香港影星”邮票系列，林黛是唯一入选的女明星（其他影星分别为李小龙、梁醒波和任剑辉）。长相洋气的林黛，身材高大丰满，成熟之中透出性感，这种长相气质非常符合20世纪50年代人们的审美标准。描得浓浓的眉毛、黑黑的上挑眼线，穿着紧身旗袍的林黛美艳至极。与林黛的美艳风格相比，气质清纯可人的尤敏是20世纪60年代香港国语影坛的玉女偶像，还是第一位成功进军国际市场的香港女演员，主演《香港三部曲》的她，倾倒了万千日本影迷。在这三部影片中，女主角基本上只穿着旗袍和和服两类服装。被称为长城大公主的夏梦有“上帝的杰作”之美誉，是香港公认的西施。香港大导演李翰祥也曾说：“夏梦是中国电影有史以来最漂亮的女演员，气质不凡，令人沉醉。”另一位著名的人士金庸更对其倾心多年，并称“西施怎样美丽，谁也没见过，我想她应该像夏梦才名不虚传”。气质大方高雅的夏梦尤其擅长扮演端庄贤淑的少妇角色，将旗袍的高雅和娴熟味道展现出来。

提到穿旗袍的明星，有一个人是不得不提的，她便是关南施，是西方人眼中的中国香港“苏丝黄”的化身。原名关家倩的关南施1939年生于吉隆坡，原籍广东番禺，母亲为英

图 20　香港明星李丽华 1957 年摄制的电影《游龙戏凤》剧照。其中美艳的李丽华身穿湖蓝色旗袍，衣领、衣襟、袖口有宽宽的异色质滚边，衣襟、前胸的纹样都十分传统。

图 21　穿着紧身旗袍的林黛美艳、成熟而性感。由于身材高大丰满，再加上浓眉大眼的五官，林黛这种长相气质非常符合 20 世纪 50 年代人们的审美标准，她也将中国传统旗袍穿出了一些洋味。

籍。关南施是首位在西方电影成名的亚洲女星，而她的成名和成功也正是因为在《苏丝黄的世界》中，她以一身高开衩的紧身旗袍形象塑造了善良而美艳的香港底层妓女形象。从此，苏丝黄成了西方语汇中性感、神秘的东方女人的代名词。在苏丝黄之前，香港这颗东方明珠还从来没有如此引起全球民众的注意，而苏丝黄之后，香港成了西方人眼里真正的东方明珠，虽然苏丝黄只是一个虚构的人物，但人们都愿意相信这个留着黑色披肩长发，穿着紧身高开衩旗袍的香港女人就生活在香港。1960 年，电影《苏丝黄的世界》在纽约首映，从此，关南施以一个性感东方女星的形象走进了西方媒体的视线。她的形象频频出现在《VOGUE》《TIME》这样的西方主流时尚媒体上，在这些时尚媒体所展示的照片中，作为香港象征的关南施大多也是以一袭性感旗袍示人。其实，从中国人的传统审美观来看，关南施并非典型的东方美女。首先她是一个中英混血儿，母亲的西方血统让她的五官和身体曲线明显比普通中国女人突出，同时喜欢运动的关南施身材健美，宽肩、纤腰、丰臀，有着很西化的身体曲线美。这样身材的人穿起旗袍来，并不像 20 世纪 30 年代老上海的月份牌美女，而是更像 20 世纪 50 年代生活富足的中产阶级小姐。美丽性感的苏丝黄于中国人看来是陌生而熟悉的，因为她虽然有垂至腰间的乌黑长发，却又长着深凹的大眼睛和浓密的卷睫毛；她虽然穿着立领的丝绸旗袍，却又有着丰满的胸部和圆浑的臀部。而在西方人看来，中西混血的关南施却是中国旗袍最合适的演绎者，东方人的纤细骨骼与西方人的优美曲线相结合，再加上一头乌黑的长发，正是这种中西合璧的感觉，反而让西方人更容易接受。

（3）香港小姐们的旗袍

香港小姐选美的历史可以推算至 1946 年。从 1946 年香港进行第一次港姐选美时起，至 1973 年狄波拉成为香港历史上第 11 位港姐，这 28 年间，“香港小姐”的选举既无固定时间也无固定的主办单位，使得人们对“香港小姐”选举的兴趣一直没有得到较大的提高。从早期的选美资料来看，旗袍也常常作为选美的礼服。我们今天所熟知的香港小姐选美则是由香港无线电视台于 1973 年开始举办，节目的形式是以世界最具规模的美国“环球小姐竞选”和英国“世界小姐竞选”为蓝本，但是在选美的标准和要求上则十分中国化，因此受到了市民的极大关注。除了一般选美的“美貌与智慧并重”标准，早期香港小姐选美的标准非常中国化，必须具备中国传统妇女的“德言工容”，以中国传统的审美标准来选择香港最美的小姐。参选者在比赛中需要穿便装、泳装、礼服出场，而自从第一届开始，港姐的礼服就选择了中式旗袍。除了在第一、第二届选美最后的加冕环节中，获奖者穿着泳装领奖外，从第三届开始加冕环节所穿服饰改为旗袍，一直延续至今。所以旗袍成为香港小姐选美最具代表性的服饰。

图 22　中英混血的关南施身材健美，宽肩、纤腰、丰臀，有着很西化的身体曲线美，这样身材的人穿起旗袍来，并不像 20 世纪 30 年代老上海的月份牌美女，却更像 20 世纪 50 年代的西方中产阶级女性。因此关南施成了那个年代西方人眼中演绎中国旗袍的最佳人选。

图 23　1948 年的香港小姐选美冠军司马音。此次选美在香港丽池花园夜总会举办，参加人数一共有 12 人。从图片中可以看出，在早期香港小姐选美的加冕仪式中，佳丽也是穿着旗袍的。

中国香港无线电视台的港姐选美比赛开始于 20 世纪 70 年代中期。此时的香港市民已经不太穿旗袍，在女性的日常生活中西式洋装成为首选。而一直以来坚持以旗袍作为礼服的港姐选美活动，成为人们欣赏香港女性、欣赏中国传统服饰文化的机会。传统的旗袍让香港小姐选美多了份中国传统美感，而我们也不得不承认，香港小姐选美也实实在在推广了旗袍文化。中国香港 1987 年拍摄了以香港小姐为主角的言情片，名为《香港小姐写真》，由当红明星王祖贤饰演片中的当选香港小姐。也许是因为在人们心目中香港小姐早已成为旗袍的代言人，这部电影在中国台湾放映时名字索性被改为《旗袍里的秘密》。

3. 文艺作品中的香港旗袍

（1）中国香港文学作品中的旗袍形象

西方人眼中的中国香港与一个中国香港女人紧紧相连，这个女人就是苏丝黄。这个穿着高开衩旗袍，有着东方情调的香港女人，寄托了西方人对香港的所有想象和向往。而实际上苏丝黄是 1957 年英国作家李察・梅森（Richad Mason）在其小说《苏丝黄的世界》（*The World of Suzie Wong*）中所塑造的一名女性角色。时为记者的李察・梅森在一次访港后创作了这本发生于香港湾仔骆克道的小说。根据原书的自述，梅森从九龙乘渡轮到湾仔码头，被这个充满异国情调的渔港城市中曼妙的东方女子深深吸引而写成了这部小说。小说中英国画家罗伯特・罗麦斯（Robert Lomax）来香港寻找绘画灵感，在天星码头的渡轮上邂逅美丽迷人的苏丝黄，并一见钟情，展开了一段白人男子与东方女子的奇异爱情历程。就小说本身的故事而言，实在是老调重弹的情与爱。然而就其发表的时间而言，却是十分应景之作。1950 年以后的香港，一度成为人们的度假胜地，在这个充满东方情调的小渔港，一下子冒出了许多酒吧。这些专门接待外国水手的酒吧间虽然简陋却热闹非凡，穿梭其间的穿旗袍、留披肩长发的东方女孩，一时间成为香港的一景。小说中苏丝黄穿的短短的高开衩旗袍，代表着 20 上世纪香港一种独有的风情，成为半个多世纪以来描画香港殖民地风味的符号代表。苏丝黄身穿旗袍，长发披肩的东方女子形象在西方人眼中便经久不衰了。

小说《苏丝黄的世界》还成就了不少西方世界里的东方明星，混血的关南施作为好莱坞电影《苏丝黄的世界》的女主角从此出名。同样在 20 世纪 60 年代，著名京剧艺术家周信芳的二女儿周采芹在伦敦因演出舞台剧《苏丝黄的世界》而成为性感的中国娃娃。无独有偶的是，周采芹也不是百分百的中国人，其母亲有四分之一的英格兰血统。因为苏丝黄的成功，伦敦动物园新出生的小豹子便起了一个名字叫“采芹”，据说当时伦敦的妓女们甚至在广告中称自己是“苏丝黄”。这些穿着丝绸旗袍、紧裹着身体的苏丝黄们成了香港的象征，也成了中国旗袍的代言人。

（2）中国香港影视作品中的旗袍形象

20 世纪五六十年代电影一直是香港市民最主要的消费、娱乐手段。其中 1957 年设立的电懋公司从成立之初就采用好莱坞式流水作业的制作方针和管理模式，拍摄影片风格也以好莱坞式的轻歌曼舞、浪漫温馨为主，专注于轻喜剧、文艺片以及歌舞片等时装片类型。这些都市爱情电影以香港人熟悉的日常社会为题，衣食住行展示的都是 20 世纪五六十年代香港人的真实状况。因此，此时的香港电影中旗袍形象多次出现于电懋公司的影片之中。

一贯被人们称为上海作家的张爱玲其实对香港也不陌生，她除了 1939 年到 1941 年间在香港大学有过两年零三个月的大学生涯以外，20 世纪五六十年代也在香港生活了数年。多年以后，张爱玲遗产继承人宋淇夫妇之子宋以朗也曾回忆到，张爱玲于 1961 年的夏天为了给自己的美国丈夫赖雅筹集医药费而回香港，并赶写了两个剧本，当时她住在宋淇夫妇加多利山的富人公寓里，长达半年之久。张爱玲在香港期间共写了六七部电影剧本，包括《情场如战场》（1957 年）、《六月新娘》（1960 年）、《南北一家亲》（1962 年）、《小儿女》（1963 年）、《南北喜相逢》（1964 年）。除了《六月新娘》由唐煌导演以外，后面三部均由电懋公司王天林导演（王晶之父）。作为上海移民的王天林将张爱玲的上海味道拍了出来，也尤其适合香港当时众多的上海移民的胃口。王天林执导的《南北和》系列包括宋淇编剧的《南北和》（1961 年）、张爱玲编剧的《南北一家亲》（1962 年）和《南北喜相逢》（1964 年），更充分体现了南来的外地人和本地人的矛盾和融合，重点关注了战后来香港的大陆移民如何在香港落地生根的情景。其中南辕北辙的文化在香港这块土地上交融，而香港本身的殖民地文化又使这种交融更加多样化和复杂化，这样的都市故事正是香港当年的真实写照。在这些都市题材的电影里，时髦的年轻姑娘们要么穿洋装，要么穿旗袍。旗袍有时是干净清爽的一抹色，下摆长度还是中规中矩地到小腿肚子，但腰身收紧、肩部线条圆润（温柔可人的女子）；有时则短一些，面料也花一些，加入了花花朵朵的图案和时髦的配饰，比如长长的花哨的披巾（活泼新潮的女子）。而母亲或者祖母辈分的，则是一身老式的旗袍。总之，20 世纪 50 年代到 60 年代中期，香港电影中的旗袍淑女味道浓厚。

三、中国香港旗袍与中国香港社会

1949 年以后，中国香港旗袍的发展总的来说可以分为两个阶段。第一阶段为 1950 年到 20 世纪 60 年代中期，此时是中国香港旗袍的黄金时期，旗袍一方面是海派风格的延续，另一方面则融入了大量的西式元素，呈现出中西合璧的性感和神秘之美。第二个阶段是 20 世纪 60 年代中期以后，女性日常服饰以西式服装为主，中国香港旗袍逐渐消退。

图 24　美国加利福尼亚州的一座电影蜡像博物馆中，再现了 20 世纪 60 年代初期全球热映的电影《苏丝黄的世界》中的场景，留着一头乌黑披肩长发、穿着紧身旗袍的苏丝黄坐在黄包车中。背景中的酒楼、门板以及人力车夫也是当时香港生活的写照。

图 25　王天林导演的都市剧《家有喜事》（1959 年）获得了第 7 届亚洲电影展的多项奖项。其中的女性所穿的服饰既有花朵图案的大裙摆洋装连衣裙，也有高领的短袖中式旗袍。

20世纪50年代初、中期，中国香港旗袍无论是从款式细节上看，还是从整体风格上来讲，突出的特性是对海派风格的延续。究其原因，一方面是1949年以前，中国香港旗袍本就是海派旗袍的一部分；另一方面则是大量上海移民的涌入，他们希望在中国香港继续着繁华而享乐的上海梦。

20世纪50年代中期到20世纪60年代中期，中国香港旗袍成为西方人眼中中国旗袍的典型，也可以说是特别时期促成了中国香港旗袍特别形象风格的形成。西方文化作为一种强势文化在中国香港强行登陆，西方人的审美观影响并主导着中国香港人的衣着装扮，在西方强势文化的影响之下，中国香港旗袍出现了从未有过的性感神秘和妖娆之美。高开衩的紧身旗袍形象是西方人眼中最美的、最有诱惑力的也是最典型的中国旗袍。从本质上来看，中国香港旗袍的中西合璧比起20世纪30年代后期海派旗袍的西化更加彻底。因为此时的西化是骨子里的，而非一些不痛不痒的细节。

20世纪60年代中期以后，曾经是中国香港女性最典型服饰的旗袍逐渐退出了生活舞台。20世纪60年代中期，中国香港经济的快速腾飞，在一定程度上也加速了香港传统文化的隐退。经济的快速发展，促生了中国香港的中产阶级。这些接受了西方教育、在殖民社会体制下得到了个人发展的社会阶层，其生活方式已经越来越西化，同时他们从骨子里也更加认可这种西化的生活方式。作为民族传统服饰代表的旗袍在他们眼里只能是特殊场合的礼仪服饰，而非日常穿用之物。尤其到了20世纪70年代，新成长起来的一代年轻人，对于西式的观念、西式的服饰已经习以为常，便更难以接受旗袍。

1. 香港的多血缘文化结构与香港旗袍文化的混血状态

“之故

起来（不愿做奴隶的人们）

隐花天兮花天兮

TO WHAT IT MAY CONCERN

This is to certify that

阁下诚咭片者 股票者

毕生扔毫于忘寝之文字

与气候寒暄（公历年月日星期）

‘洁旦 Luckle 参与赛事’

电话器之近安与咖啡或茶

成阁下之材料——飞黄腾踏之材料

图 26　唐煌导演的《六月新娘》（1960 年）由张爱玲编剧，主演则是当红的明星葛兰。这是一部以中国香港移民为主题的都市题材电影，宣传海报上的女主角烫着短短的卷发，穿着传统的中国旗袍。

敬启者 阁下梦梦中国否

汝之肌革 黄乎眼瞳黑乎”

不熟悉中国香港的人看到以上这段文字，可能会感到有些莫名其妙，不知其所云。而熟悉中国香港的人却不免暗自称妙。这段看似乱七八糟的文字是中国香港作家昆南于1963年发表的诗作，名为“旗向”，这是一首产于中国香港，且只可能产于中国香港的诗作，由古文、商业信札用语、歌曲、英文公函、赛马报道等组合而成。这是中国香港特别时期的特别文化产物，是香港真实社会的写照。诗中充满了“咭片”“股票”“寒暄”“近安”“飞黄腾踏”等商业社会的用语，是香港人日常的所见所闻，是日常生活中琐碎的事事物物。而诗中对这些用语的组合方式又是无序的、无逻辑的堆砌，这也正说明了中国香港社会各种文化交错混杂的无序状态。

由于特殊的历史背景，中国香港文化有它的特殊性。虽然其从地理位置来讲，属于中国南方的岭南文化，但由于其被殖民统治的特殊性以及1949年以来的移民潮，当时的中国香港文化呈现出多元化的局面。20世纪50年代初期，中国香港的上层社会由一批讲英文的西方人和讲英文的中国人组成，在社会底层的主要是生于斯长于斯，讲着广东话的广东人。一批批带着财产、技术、学识来的新移民（包括上海人）则处于社会中层。这样的特殊文化结构，使得中国香港的社会文化多元而多彩，有中国文化和西方文化、岭南文化和海派文化等。

从中国香港的人口结构来讲，居民大多数为中国人。中国香港文化是中华传统文化的一个分支，当时的中国香港人无论其祖籍是广东、上海或是山东，他们内心里认同的还是中国文化，遵循的还是中国传统礼仪规范。因此，20世纪50年代以后，香港女性穿旗袍是符合当时的社会习俗和规范的。然而客观的历史原因和特殊的地理位置，又造成了香港人在认同中华传统的同时，对西方文化也有着相当的认同甚至羡慕。尤其当时香港的所谓上层社会是一个完全使用英文的西方文化圈子，社会中下层人士不可避免地羡慕和向往这样的文化。对西方文化和习俗的向往，不可避免地造成了中国香港人对西方人喜好的跟从。在女性衣着装扮上，中国香港女性一方面尝试着与西方女性完全同步的西方最新潮时尚，另一方面则以完全不同于西方女性的装扮形象来吸引西方人。旗袍变成了既符合中国传统服饰习俗，又符合西方人审美心理的特别服饰。从穿着心理上来讲，中国香港人渴望其旗袍亦中亦西，渴望得到中国人和西方人的双重认可。而从实际效果来讲，中国香港人的旗袍成了双重审美观下的混血产物，于是旗袍的长度空前短，如西方的超短裙一般。裹在紧小的旗袍里的美人最好是既有东方女性的娇小纤弱，又有西方女性诱人的胸腰臀落差。这样的旗袍形象中国人对其是感到陌生的，而西方人对其则是迷恋的。中国人的陌生感源于

图 27　20 世纪 60 年代由百老汇经典音乐剧《花鼓戏》改编的好莱坞环球公司拍摄的同名电影海报。故事取材于旧金山唐人街的中国人，围绕着唐人街几代人的矛盾和代沟展开，女主角仍然选择了西方人心目中典型的中国旗袍美女关南施。大概西方人眼中的旗袍总是超短的，在这出曾经在百老汇连演 600 场而不衰的音乐剧中，女主角穿着明黄色的无袖超短旗袍、黑色透明的长筒袜、明黄色的高跟皮鞋载歌载舞，道具还包括绘有中国花卉的折扇和一顶奇怪的渔夫式高帽子，这样的装扮在中国人看来简直好笑至极。

其中西合璧的异国情调，同样西方人的迷恋也源于其中西合璧的异国情调。

2. 中国香港人身份的模糊与中国香港旗袍形象的模糊

其实无论对于一个国家，还是一个地区而言，外来文化的影响都是不可避免的。然而中国香港同其他任何地区或者城市不一样，中国香港的历史特性使得中国香港习惯于怀疑自我文化。长期处于殖民统治下的中国香港人对西方既向往又抗拒，对中国文化既认同又怀疑。中国香港人的身份比其他任何地方的人的身份都要更复杂，中国香港人说粤语和英语，但是书写使用普通话和英语。

20 世纪五六十年代，中国香港人的身份是模糊的，也是尴尬的。正如其旗袍形象一样，模糊而尴尬。苏丝黄的旗袍形象是西方人想象出来的，最后竟然也强加在了香港人的身上。穿着高开衩超短旗袍的苏丝黄是个欢场女子，是在中国传统文化背景下最不可接受的下下流，作为中国人的香港人对这种人本是不该接受，也不愿接受的。穿着高开衩超短旗袍的苏丝黄又是性感而美丽的，是西方人眼中绝色的美人，在西方人拥有绝对话语权的香港，苏丝黄的旗袍又是令人向往的。被殖民统治的香港是一座特别的城，香港人是一群特别的人，而出生于香港的苏丝黄的旗袍便是特别的旗袍。从形式上来看，它有立领、斜襟、开衩等一切细节，而从本质上来看，它是西方人更愿意看到的中国女人形象。

3. 香港中产阶级的崛起与中国香港旗袍文化的逐渐消退

香港特殊的历史和地理位置，使其在 20 世纪 50 年代以后得到了经济上的大发展。香港逐渐结束了开埠以来百余年的以转口贸易为主的发展历史，开始了以制造业为中心、以港产品出口为主的自由港历史，实现了香港历史上的第一次经济转型。迅速兴起的工业、商业、服务业、金融业等，要求人们在这些不同的行业中找到生存的立足点，整个社会迅速多元化了。

在此过程中，一个以经济收入为基础，并取得相应社会地位和政治地位的中产阶级迅速兴起，并在社会中处于主导地位。随着时间的推移，移民们起初将香港作为暂时居所的过客心境也逐渐变化，在怀念故乡的同时，开始着眼于眼前轻松愉快又富足享乐的现代都会生活。尤其是 20 世纪 70 年代以后，经济上的大发展催生了香港社会中产阶级的发展和壮大，这些中产阶级包括香港本地人，也包括移民潮时期过来的各地人。

在香港这个特殊的东西结合的社会里，中产阶级得到了空前的发展。无论从工作上还是日常生活上，他们与西方社会的关系越来越密切，他们也越来越接受西方的生活方式。从观念到语言再到日常生活细节，他们是一群接受了西方教育、使用西方语言、过着西方

图 28　1957 年陈思思主演的中国香港电影《香喷喷小姐》剧照。电影里的陈思思是一名香水公司售货员，因美貌而被选为公司的形象代言人“香喷喷小姐”。香喷喷小姐的旗袍就是典型的中西合璧，整条裙子运用不同材质和不同颜色来一分为二，上半身是立领斜襟的花旗袍，下半身却是西式礼服长裙的式样，三层荷叶边做成了鱼尾裙式下摆。这样奇特的旗袍虽然只是出现于选秀之类的特殊场合，但也说明了中国香港人旗袍观念的西化。有趣的是，香喷喷小姐两边的一男一女则是老派的旗袍和长袍马褂瓜皮帽的装扮。

图 29　20 世纪 50 年代后期，香港著名电影明星乐蒂的旗袍照片。这是一款特别的旗袍套装，内为浅紫色高领旗袍，外为深 V 领带立体花边装饰的西式开衫，前门襟和袖口的装饰花边非常西式，另有一朵立体蝴蝶结装饰。其整体感觉有点像迪奥设计的西式女装。

生活的香港人。

受殖民统治的影响，中国香港中产阶级有着强烈的“西方情结”，传统的海派旗袍与他们的日常生活距离太远，而西方人创造出来的苏丝黄式旗袍又显然不入流。其实他们更加习惯和接受的反而是巴黎的洋装，因为它们新潮而且舒服。20 世纪 70 年代后期，西方世界里开始流行起宽大风格的休闲服饰，旗袍就更加处于弱势。在这场中西服饰的竞争中，旗袍迫于无奈选择了退出。

四、港派旗袍的审美

正如本书第三部分所言，海派旗袍是一种基于中国传统服饰，而又受到西式服饰洗礼的特殊服饰品，好似一个民国时期的混血儿。而 1949 年以后的香港旗袍，则在香港这个有着独特地理位置和独特社会形态的地方演变发展，在这个西方人曾经拥有绝对话语权的社会中，由上海传来的海派旗袍，又一次被注入了西方的血液。港派旗袍的又一次混血，让旗袍的西方元素比例增加，也让旗袍在西方人眼中更美了。

黑格尔在其著作《美学》中提出“艺术美是诉诸感觉、感情、知觉和想象的，它不属于思考的范围，对于艺术活动和艺术产品的了解就需要不同于科学思考的一种功能”。因此黑格尔在以“美学”为名的著作中，提出“根本没有美学”的主张，即美是不可以成为系统的科学的，这也就是黑格尔的关于“流行的见解”。黑格尔思想影响了西方的许多学者，人们普遍认为美只是一种感情的表现，而美感则是感官体验，就如同吃饭一样，食物刺激了我们的味觉感官，即舌头的食物便是美之食，食物的美是舌头这个器官体验出来的。那么同理可论，作为服饰的美，是由我们的视觉感官体验出来的，即对眼睛的感官刺激产生了服饰的美，当然也可能因此而产生出服饰的丑。

中国服饰向来保守、严谨，透和露都是有伤风化的东西。海派旗袍已经使得女性的曲线美和人体美尽现，经过了几十年，国人对海派旗袍的美感体验或许已经习惯。而源于海派旗袍的香港旗袍则在这方面更进了一步，可谓更加性感诱人，因此中国香港旗袍的出现，对中国人来说也是新鲜的视觉感官体验。下摆超短，开衩超高的香港式旗袍，一方面露出了东方女人难得露出的小腿和大腿，另一方面还紧裹着东方女人玲珑的身体。这些视觉信息无论如何，对西方人来说都是具有吸引力的。

自文艺复兴以来，西方审美观念主张个性解放，歌颂人体之美，认为人体比例是世界上最和谐的比例。在这样的指导思想之下，西方艺术尤其强调对人体的表现，即身体的美、骨骼的美、肌肤的美等。法国学者丹纳在《艺术哲学》中便提出，以对身体重要特征的表现程度来作为艺术品等级高低的评判标准，即对造型艺术而言，作品中人体特征的表现越多便越高级，只有人体的真实性与美丽才是其最应该表现的特征。

书中提到，“一幅画或一个雕塑的精彩程度，取决于它所表现的特征的重要的程度。因为这缘故，列入最低一级的是在人身上不表现人而表现衣着”。因此在丹纳眼中，那些画得“几乎等于时装的样本，衣服画得极其夸张：黄蜂式的细腰身，大得可怕的裙子，奇形怪状、叠床架屋的帽子”的美术作品，因为人体特征的表现不够，而一概只能算是低等的艺术品。丹纳在书中，一再提到对服饰的不屑，因为（对人而言）“时行的衣着显然是一个很不重要的特征；每两年，至多每十年就有变化。便是一般的服装也是如此；那是一个外表，一种装饰，一举手就能拿掉。在活的身体上，主要的东西是活的身体本身；其余的都是附属品，都是人工的”。

不过人终究是要穿衣服的，因为我们都是文明人，且服饰也属于造型艺术品之范畴。如若按照丹纳的理论，一件服饰的精彩程度，亦取决于它所表现的特征的重要的程度。而这里服饰所要表现的重要特征显然也是人，包括人体的形态、骨骼、肌肉、皮肤等，旗袍作为一种专为女性所穿用的服饰，其所要表现的重要特征不仅是人，更是女人。对女人的身体的重要特征的表现程度，便可以成为一件服饰品精彩程度的决定因素。本是宽阔平直的大袍服的旗袍，在经过了海派的洗礼之后，已经非常紧身贴体（能够展现作为女性的重要特征），而后又在香港进一步演化，更加直白地展现出其应该表现的女性重要特征。因此，中国香港旗袍的直白表露，符合了西方造型艺术的精彩之等级标准，是在不违反道德与习俗的情况下，对女性人体重要特征的最大程度表现。

这里我们不妨将同期的西方流行女装与香港旗袍进行比较，尤其是 1959 年的苏丝黄旗袍。倘若按照丹纳对造型艺术的评判理论，似乎此时的香港旗袍更加高级一些，因为它对女性人体的展示更加直接，不论是因为超短而露出的小腿和大腿，还是紧紧的胸、腰、臀部所包裹的躯体，中国香港旗袍显然更加符合对所表现对象（女性人体）重要特征的表现程度，即将女性人体的真实性与美丽更好地呈现了出来。由此我们似乎也可以得出这样的结论：按照西方传统艺术品评价标准，中国香港旗袍比当时的西方流行女装更加精彩。

图 30 好莱坞电影《苏丝黄的世界》的海报。左上角的香港女人性感妖娆——超短旗袍，高高的开衩，还使用了圆角的下摆边，这样侧面所露出的大腿就更多了。圆浑的臀、结实的腿都弥漫着浓厚的成熟女人的味道。按照丹纳的标准，这样的直白表现显然更加精彩。

图 31 活跃于 20 世纪六七十年代的美国流行艺术家安迪 · 沃霍尔所绘制的时装插画。作品完成于 1960 年（即《苏丝黄的世界》全球火热公映的那一年），题名为“女人与鲜花、植物”。此图表现出了当时西方流行女装的超短和简洁的风格特点，带有明显的清纯女孩的味道。虽然都是超短的款式，但此种装扮对身体的展现明显不及同时期的香港旗袍。

Unit-12

第十二章 中国台湾篇（1949—1977年）

中国台湾地区有文字记载的历史可以追溯到230年。隋唐时期（589—618年），中国台湾被称为“流求”。16世纪，西班牙、荷兰等西方殖民势力迅速发展，中国台湾先后为他们所殖民。1662年2月，郑成功从荷兰殖民者手中收复了中国领土中国台湾；1894年日本发动甲午战争，清政府战败后被迫签订《马关条约》，把中国台湾割让给日本。1945年8月，日本在第二次世界大战中战败，中国台湾、澎湖重归中国主权管辖之下。1949年，在大陆解放的前夕，蒋介石以及国民党的部分军政人员跑到中国台湾，在中国台湾维持偏安局面，使中国台湾与祖国大陆再度处于分裂状态之中。

图32 中国台湾画家陈敬辉1958年所绘的作品，题为“默想”，现藏于台湾美术馆。画中绘一年轻女子侧坐，穿着一件长度过膝的深蓝色条纹格子旗袍，内衬为深藏青色，耳环为宝蓝色，盘发，脚穿平底黄花白底布鞋。此旗袍为装袖，立领高度中等，侧面腰省较大。

由于历史的原因，中国台湾文化大量的其他省份的人还带来了大陆其他地区的文化特征，此外其还受到相当程度的外来文化（西方文化和日本文化）的影响。正由于中国台湾较之大陆更多地受到东西方文化的撞击和影响，所以逐渐形成了一种颇具特色的中国台湾地方文化。

一、中国台湾旗袍的流行原因

从 1949 年到 1977 年将近 30 年的时间里，在中国大陆因为各种因素的影响，旗袍的身影几乎难以找到。不过作为中国传统女性服饰之一的旗袍，经过了民国时期的大流行之后，并没有因此而灭绝。旗袍之风不仅在香港红红火火了 20 多年，在中国台湾也长期延续。

在政治策略上，中国台湾的普通民众一直生活在强大的政治影响之下，甚至于在 20 世纪五六十年代，中国台湾民众一直坚信不久就可以回到家乡。在文化教育上，中国台湾民众对中国传统文化的认同感很强，有着浓厚的中国文化情结。在个人情感上，外省人对新家园的不认同和对海峡对岸老家的思念，仍然让他们有着失落和失望的情绪，因此思乡和怀旧成为当时中国台湾外省人的生活主题之一。浓浓的乡愁化成对旧生活的无限向往，人们更愿意活在以前的日子里，用着以前的东西、穿着以前的衣服、说着以前的话题。

中国台湾作家三毛曾有一文名为《紫衣》，书中写的是“多年前的往事，当年，我的母亲才是一个三十五六岁的妇人。她来中国台湾的时候不过二十九岁”，来台后的母亲盼望着参加场同学的聚会，“母亲穿着一件旗袍，暗紫色的，鞋是白高跟鞋——前面开着一个露趾的小洞”，亲自为姐妹俩改制了衣裙，还连夜精心准备了两大锅红烧肉和罗宋汤。然而最终她们并没有赶上车，母亲也没有赶上这一次难得的青春记忆聚会，最后“母亲不停的狂喊使我害怕得快要哭了出来”。

还有白先勇作品《永远的尹雪艳》里的尹雪艳——“从来不肯把它降低于上海霞飞路的排场。出入的人士，纵然有些是过了时的，但是他们有他们的身份，有他们的派头，因此一进到尹公馆，大家都觉得自己重要，即使是十几年前作废了的头衔，经过尹雪艳娇声亲切地称呼起来，也如同受过诰封一般，心理上恢复了不少的优越感”。只有在这样的生活里，外省人才找回了自信和那份优越感，也因此“尹雪艳永远是尹雪艳，在台北仍旧穿着她那一身蝉翼纱的素白旗袍，一径那么浅浅地笑着，连眼角儿也不肯皱一下”。这里的旗袍变成了外省人解乡愁的道具，也让这份乡愁更深重。同样出自白先勇的《游园惊梦》里，钱夫人即使是拿了从南京买的料子做的旗袍，还是怎么都觉得不对劲儿——“往镜子又凑近了一步，身上那件墨绿杭绸的旗袍，她也觉得颜色有点不对劲儿。她记得这种丝绸，在灯光底下照起来，绿汪汪翡翠似的，大概这间前厅不够亮，镜子里看起来竟有点发乌。难道真的是料子旧了？这份杭绸还是从南京带出来的呢，这些年都没舍得穿，为了赴这场宴才从箱子底拿出来裁了的。早知如此，还不如到鸿翔绸缎庄买份新的。可是她总觉得台湾的衣料粗糙，光泽扎眼，尤其是丝绸，哪里及得上大陆货那样细致，那么柔熟”？这种心态正代表着那个年代大部分台湾外省人的念旧情结。

二、中国台湾旗袍的穿着人群——外省人

中国台湾旗袍的流行和穿着与香港不同，其最主要的差异在于中国香港在 20 世纪二三十年代便开始流行旗袍，20 世纪 40 年代更是普遍流行，海派旗袍对其影响较早，也就是说在 1949 年以前的二三十年里，中国香港女性已经穿着海派旗袍。而中国台湾在 1894 年中日甲午战争爆发的第二年便沦为日本殖民地，日本统治者在中国台湾实行了长达半个世纪的殖民统治，其间实行强迫同化政策，下令禁止使用闽南语、汉文，强迫使用日语，等等，其中包括强迫台胞改穿日本和服，这种状况一直延续到 1945 年台湾光复。因此台湾人并不如香港人那样熟悉旗袍，旗袍在台湾地区虽然有穿着，但并不是女性的主流服饰。

1949 年以后，大量涌入的外省人将旗袍风潮带到中国台湾。入台初期，这些外省人在中国台湾继续着做旗袍、穿旗袍、比旗袍的生活，就像她们从前在上海、南京、四川、北京一样。而后，政治上的失落感和现实的漂泊感交织在一起，外省人的怀乡之情越来越浓，穿旗袍、做旗袍变成了回望家乡的一种独特的方式。

三毛在一篇名为《蝴蝶的颜色》的文章里，回忆小学四年级的学校生活，多年后其对老师的形象记忆是：“老师常常穿着一种在小腿背后有一条线的那种丝袜，当她踩着高跟鞋一步一步移动时，美丽的线条便跟着在窄窄的旗袍下晃动。”推算起来，这里所描述的应该是 20 世纪 50 年代初期的台湾，女教师的装扮是一身旗袍，搭配着背后有一条线的丝袜和高跟鞋，这样的装扮形象本是极其普遍的，但对于一个正渴望着长大的早熟女孩而言，则充满了诱惑。

1. 中国台湾名人的旗袍形象

（1）宋美龄的朴素旗袍

出生于 1897 年的宋美龄，曾经是中华民国第一夫人，也担任过中国国民党中央评议委员会主席团主席等要职，是中国近现代史上的重要人物之一。其对中国近现代历史的影响，首先当然是政治方面的，同时由于显赫的社会地位，包括宋美龄在内的宋氏三姐妹对近现

代中国女性的服饰形象也产生了深远的影响。1949 年以后，宋美龄的旗袍形象更有了别样的意义。宋美龄对旗袍的喜爱，也在一定程度上促进了台湾旗袍的发展。从目前存世的照片来看，宋美龄几乎都是一身旗袍装扮，无论年轻时或是年老时，无论在中国大陆、中国台湾还是在美国，其对旗袍的钟爱程度可见一斑。甚至年老之后，在美国的她也始终坚持自己的着装原则：第一是没有化好妆、梳好头不可以见人，第二则是出门一定要穿长款旗袍。宋美龄有一位专门的旗袍师傅，名叫张瑞香，其原来是南京的裁缝师傅，后成为官邸侍从室里的专职后勤人员。张瑞香从抗战爆发时起，一直作为宋美龄的专职旗袍师傅跟随其身边。1975 年宋美龄离开台湾到美国时，一共有 25 名随从人员。据说这 25 名随从并非宋美龄自己自由选择，而多数是由当局选定。在宋美龄自己选定的不多的人员中，就包括这名旗袍师傅，可见旗袍师傅对宋美龄生活的重要。更有报道说，1991 年宋美龄决定到美国永久定居时，其乘坐的“华航”大型波音客机里装有 99 箱私人衣物，其中至少有 50 箱装的是旗袍。此说法是否夸张已经无从考证，但至少从一个侧面说明宋美龄对旗袍的超级痴迷。

宋美龄到中国台湾时已经 50 多岁，属于半百之年。而其旗袍形象总体而言简洁大方、款式严谨，在考虑到做工和品质的同时，旗袍风格则尽量素朴而简洁。比如旗袍长度一定长过膝盖，大多数旗袍还是长到脚踝部位。袖子长度则以短袖和长袖居多，很少有无袖旗袍。腰身松紧适中，三围曲线过渡自然流畅。究其原因，一方面是与其已过半百的年龄相关，另一方面也反映了宋美龄独特、高雅的穿衣品位，这种旗袍穿着风格一直保持到其垂暮之年。

（2）邓丽君的花样旗袍

台湾名人中喜爱旗袍的还有位歌坛明星，她便是邓丽君。祖籍为河北邯郸的邓丽君 1935 年生于中国台湾地区云林县，是在华人社会具有相当影响力的中国台湾歌手，亦是 20 世纪后半叶最负盛名的华语和日语女歌手之一。邓丽君大概可以算是语言天才，虽然读书不多，却会多种语言，用国语、粤语、闽南语、日语、英语演唱均熟练自如，因此在全世界的华人以及亚洲各国都有巨大的影响力。而作为出自中国台湾的亚洲歌星，其多数形象也是穿着旗袍的。今天，香港杜莎夫人蜡像馆内的邓丽君蜡像便是一身带有珠片装饰的旗袍打扮。

邓丽君旗袍形象大受欢迎主要有三个方面的原因。首先，其本人的身材条件和独特气质适合旗袍装扮。身材高度适中的邓丽君是当时港台娱乐圈中著名的“长腿妹妹”，骨骼纤细身型圆润，有细腰长腿的天然好条件，而其温婉的小家碧玉般的东方气质也与旗袍相符。其次，邓丽君成长自民谣、小调盛行的时代，其成名曲也以这样的传统小调和民谣为主，为配合歌曲本身的风格，邓丽君的许多歌曲卡带和唱片封套便是各式各样的旗袍装扮，因此，歌曲本身风格的传统性和抒情性决定了其旗袍装扮的合理性。最为重要的，则是其艺术风格的鲜明性所决定。邓丽君不仅唱中文歌曲，还唱大量的外文歌曲，并在世界各地出唱片、登台表演。活跃于世界艺术舞台上的邓丽君保持的就是这样一种有别于他人的、独特而传统的“中国美”形象，选择旗袍便更是理所当然。

作为一名艺人，邓丽君的旗袍形象大多是在舞台上、封套上和一些媒体上，因此其旗袍形象多姿多彩，色彩和款式丰富，装饰图案也比较多。舞台服饰的选择当然主要考虑舞美效果等视觉因素，但也在一定程度上反映其服饰风格取向。比如邓丽君的旗袍以长款为主，尤其到成名的中后期，即事业生涯的高峰时期，其旗袍大多是无袖的、长款的。从面料材质上来看，她则喜欢丝绸质地，上面装饰珠片绣。香港杜莎夫人蜡像馆内的邓丽君蜡像先后换过多件旗袍，但均为无袖珠片绣旗袍，上面有大面积的图案装饰，这些图案多为中国传统花卉、鸟虫，尽显传统美感。

图 33　以唱小调和民谣而著称的邓丽君身穿长袖旗袍，展现了其温婉、甜美的气质。活跃于世界艺术舞台上的邓丽君，也以传统的旗袍形象向人们展示了有别于他人的独特的“中国美”。

2. 中国台湾“中国小姐”的旗袍

中国台湾“中国小姐”选美比赛与旗袍也有着渊源。第一届中国台湾“中国小姐”比赛于 1960 年由中国台湾的《大华晚报》主办，在当时可谓轰动一时。获得第一名的是林静宜。其在最终获奖加冕之时，穿的便是一件浅色旗袍，外披同色的小披肩，体现出一派东方的温婉之气。在问答环节，林静宜回答的恰好是一个关于旗袍的问题。她的回答是“中国女性的服装旗袍，不仅式样美，而且省料子，穿起来优雅大方，能表现体态的美”。其后的中国台湾“中国小姐”选美，均得到了社会的广泛关注，尤其是第二届中国台湾“中国小姐”李秀英还在国际选美比赛中获得了“世界小姐”的头衔，成为第一位在国际选美比赛中取得桂冠的中国女性。而“世界小姐”李秀英在出访、公益等活动中，均穿着中国传统服饰——旗袍和唐装，随着世界小姐的一次次出场和露面，旗袍的中国之美也一次次展露于世人面前。

中国台湾“中国小姐”选美一共举办了四届，而后由于社会舆论对其批评颇多，认为选美助长追逐名利之风，诱使女孩子崇尚虚荣，1963 年便停办，1964 年又办了一届。虽然总共只有四届，但其影响非常之大，历届获奖者中，大多数都在国际选美比赛中取得了非常好的成绩。这些身穿旗袍温文尔雅的中国女性不仅展示了中国女性的独特美，也展示了中国旗袍的独特美。

三、中国台湾文艺作品中的旗袍形象

说到 20 世纪五六十年代中国台湾文艺作品中的旗袍形象，首推白先勇的小说《台北人》。此小说集为白先勇于 20 世纪 60 年代在《现代文学》发表的 14 篇短篇小说合成的单行本，1971 年首次发行，曾入选《亚洲周刊》评出的“本世纪最有影响力的 100 部中文小说”。书中每篇都能独立存在，但它们又共有某些相同点，互相串联成一组系列，题材皆关于 20 世纪 50 年代从中国大陆来台湾的形形色色的外省人的生活，集中描述了一群在今与昔、历史与现实、传统与现代的断层中挣扎的失根中国人。其中的各个人物和故事涉及社会的各个阶层，包括了上流社会、中产阶级以及草根阶层。如《永远的尹雪艳》中的一群达官贵人、《游园惊梦》中一群由戏子演变成阔太太的女人、《秋思》中争风吃醋的官太太华夫人、《冬夜》中的余教授和吴教授、《金大班的最后一夜》中的舞女、《孤恋花》中的低贱妓女等。全书共有 14 篇，有旗袍描写的有 7 篇，分别为《永远的尹雪艳》《金大班的最后一夜》《游园惊梦》《一把青》《岁除》《秋思》《孤恋花》。单从数量的比例来看，似乎只有一半的篇章中有旗袍描写，但是若从书中各篇章的主题和内容来看，

图34 此图为上海上演的沪剧《金大班的最后一夜》海报。女主角曼妙的剪影式侧影背后，选取了昔日的上海外滩美景为背景。

其余7篇要么主人公不是女性，要么其主题内容和故事空间十分狭窄，几乎没有机会描写女性服饰穿着和装扮。而全书中凡是写到女性人物时几乎都写到旗袍，无论是周旋于声色场所中的舞女、歌女，还是上层社会中的夫人、太太，又或者随军过海的平民百姓女子，可以说《台北人》中各篇章的女性人物描写，都离不开旗袍。

《台北人》中的人物都不是土生土长的台北人，而作者称其为“台北人”，正是因为他们并不是台北人。在1949年左右，从中国大陆到中国台湾去的有四川人、广西人、上海人、南京人……这些人来自全国各地，迁往台北定居的“新移民”在中国台湾被称为“外省人”。这些人物全都出生在中国大陆，在国民政府大撤退的时代背景中，漂洋过海来到台北这座陌生的城市。他们虽然是“台北人”，却始终生活在过去和回忆中。《台北人》中对女性人物服饰的描写花费了不少笔墨，而在这特殊的时间（1949 年以后）和特殊的空间（台湾岛内）里，特殊的人物群体（逃离到台湾的外省人）的装扮也有了特别之处，便是对旗袍的特别钟爱。因此作者在书中对旗袍的描写也更有文化归属意义。

《台北人》中凡是女性人物出场，其服饰装扮的交代均十分仔细，人物的服饰、化妆、发式、配饰等均一一再现，秉承白先勇小说一贯的细腻风格。比如出身欢场的尹雪艳因为是高等舞女，穿的是一袭月白短袖的织锦旗袍，脚上搭配软底绣花鞋上虽然点着两瓣肉色的海棠叶儿，却还是白色的缎子。妩媚之中透着一丝典雅，体现出较好的服饰搭配技巧和装扮品位。而同为舞女的金大班则完全不同，穿着“黑沙金丝相间的紧身旗袍”，并且“一个大道士髻梳得乌光水华的高耸在头顶上；耳坠，项链，手串，发针，金碧辉煌的挂满了一身”，不仅色彩明艳、对比强烈，满身金碧辉煌的配饰还道出了主人公的俗气，同时也反映出其所周旋的声色场所之风格以及生活境遇。同一个舞场中的年轻舞女筱红美则是一件“石榴红的透空纱旗袍，两筒雪白滚圆的膀子连肩带臂肉颤颤的便露在外面”。这样的旗袍描写不仅道出了筱红美的轻浮美和风情，也对比出金大班的年老色衰之势。《一把青》里的朱青本是小家碧玉气质的良家小姐，在中国大陆结婚时穿的是“艳色丝旗袍”。丧偶后，她到中国台北，已自甘堕落，穿的旗袍便变为了“一身透明紫纱洒金片的旗袍”，穿上了“一双高跟鞋足有三寸高，一扭，全身的金锁片便闪闪发光起来”。由于境遇的改变，同一人物在不同时期出场时，所穿旗袍从款式、色彩、材质、装饰以及配饰上都有了极大的变化。

《游园惊梦》是《台北人》中旗袍描写最多的一篇，多达 13 次，穿旗袍的人物共有 6 人。这些人虽然如今都贵为太太、夫人们，却也有着不同的出身，因此各人的旗袍也颇为不同。年纪稍长的夫人们旗袍色彩低调而典雅，材质高档，比如钱夫人的“墨绿杭绸的旗袍”、窦夫人的“银灰洒朱砂的薄纱旗袍”、赖夫人的“珠灰旗袍”和徐太太的“净黑的丝绒旗袍”。而年纪稍轻的另外两位太太中，蒋碧月穿的是“一身火红的缎子旗袍”，月月红穿的是“一身大金大红的缎子旗袍，艳得像只鹦哥儿”，这两位的旗袍较前几位艳丽得多，也从侧面道出了她们低贱的出身——曾经是来自中国大陆的昔日梨园名角，现在则是上流社会的姨太太。

关于台北旗袍的流行时尚，《游园惊梦》中亦有一小段描写：“台北不兴长旗袍喽。在座的——连那个老得脸上起了鸡皮皱的赖夫人在内，个个的旗袍下摆都缩得差不多到膝盖上去了，露出大半截腿子来。在南京那时，哪个夫人的旗袍不是长得快拖到脚面上来了？后悔没有听从裁缝师傅，回头穿了这身长旗袍站出去，不晓得还登不登样。”

第五部分

Chapter-05

全球篇（1977 年以后）

变革——多样化与符号化

Unit-13

第十三章 重拾后的尴尬与惊喜（1977—1997 年）

一、中国大陆旗袍的历史断层及其原因

在中国大陆，从 1949 年到 1977 年的近 30 年时间里，旗袍的身影基本未见。这种旗袍的断层现象与旗袍在一海之隔的香港、一峡之隔的台湾所形成的旗袍主流风潮，形成了鲜明的对比。此近 30 年间，大陆女装的流行变迁基本可以概括为两个发展阶段。

第一阶段为 1949—1965 年，女装的主要特点是朴素、简洁、实用。新中国成立后，由于社会的变迁，女性基本上都走出家庭参与社会生活，成为职业女性。由于日常生活方式的改变，旗袍也已经不再适应生产劳动的需要。据说 1950 年 7 月在上海举行的第一届文艺代表大会上，张爱玲在大会主席夏衍的关注下，应邀出席。而爱美的张爱玲由于穿了旗袍，并在旗袍的外面罩了一件网眼的白色绒线衫，在满是灰蓝色中山装的人群中，显得特别不合时宜。

由于受社会政治和革命思潮的影响，人们的服装呈现出以学习、借鉴苏联服装为主，继承民国服装为辅的局面。女装流行款式为列宁装，这是一种大翻领、双排扣、带有斜插袋的西式外套，一般腰间还配有同色腰带。飒爽英姿的列宁装一度成为中国城市女性最喜欢的时装之一。夏季流行的女装也源于东欧，这是一款根据苏联款式仿制的连衣裙，被称为“布拉吉”。而在民国时期作为女性主要服饰的旗袍，此时则主要为中老年妇女所穿，款式比较保守，衣身宽松，小立领，袖子较长，两侧开衩较低。这种旗袍无论从款式外观或是穿着风格上来讲，都与民国时期散发女性娇柔典雅之美的旗袍相去甚远。另外，在一些礼仪场合中也有旗袍的身影，但其从款式、装饰、面料以及着装风格来看仍然是朴素和简洁的。总之，此阶段的旗袍并非女性服饰的主流，且款式宽松，风格朴素。

第二阶段为 1966—1977 年，女装流行所谓的革命式风格。军装的大流行始于 1966 年，男男女女皆以军装为时尚。草绿旧军装搭配棕色武装腰带、草绿色的帆布挎包，再加上胸前的毛泽东像章，这样的形象既是革命、进步的象征，也是时尚的象征。1966 年，旗袍被看作是旧文化、旧习俗的代表而遭到社会的抛弃，至此，旗袍已经完全退出了女性服饰舞台。

大陆旗袍出现了将近 30 年的历史断层。一方面是由于社会经济发展制约。20 世纪 50—70 年代，在计划经济的指导下，国家对粮、棉、油等生活物资实行统购统销。从 1960 年开始，几乎所有纺织品一律凭票供应，极大地限制了广大民众的生活消费。与此相适应的是社会民众形成了朴素、实用、色彩单调的着装风格。另一方面则是由社会意识形

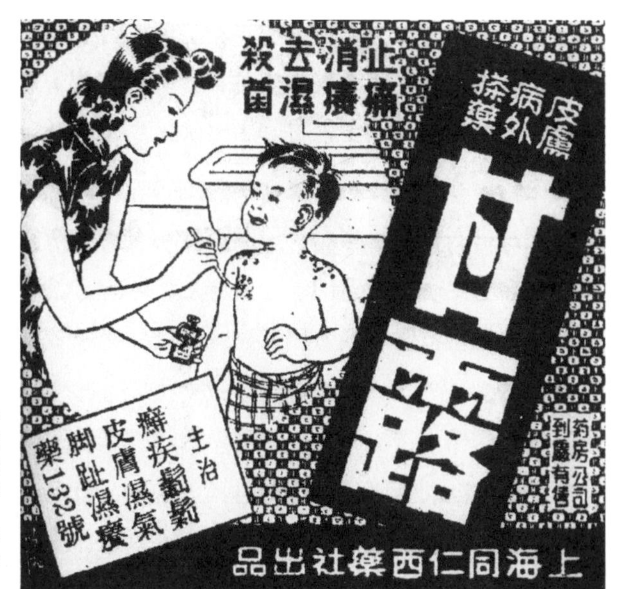

图1 1950年9月14日上海《新闻日报》中的上海同仁西药社广告上，出现了漂亮洋气的旗袍。图中年轻女性电烫的及肩发型和前额高高耸起的卷曲刘海，还有通身大花图案的无袖旗袍，都延续了20世纪40年代的时髦装扮。这样“小资产阶级”式的装扮在20世纪50年代初期还出现于上海的中产阶级中，而后就销声匿迹了。

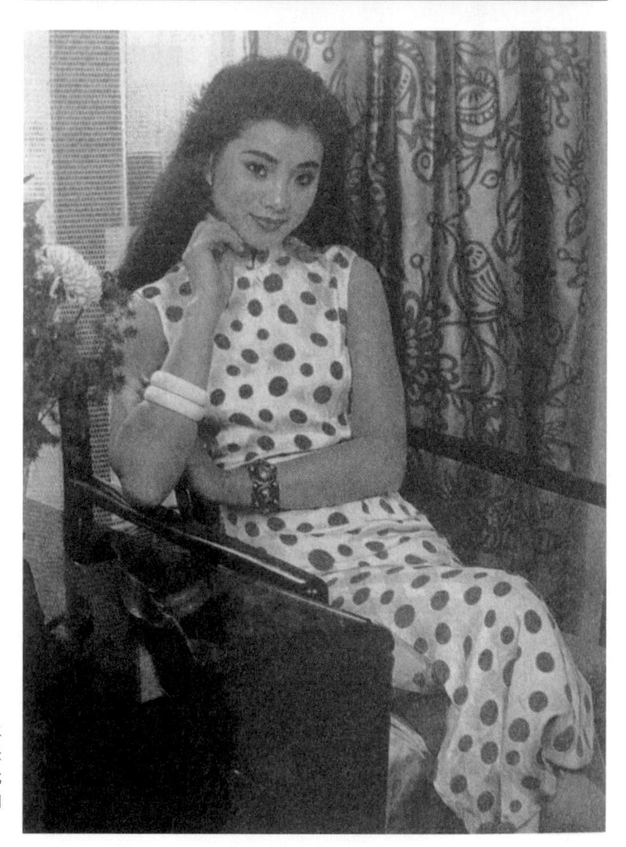

图2 刊登于《时装》杂志1988年第2期上的旗袍照片。此款丝绸旗袍为无袖、立领、长下摆。模特是刚刚获得国际模特比赛大奖的北京姑娘彭莉。当时在中国数量不多的时装类期刊中，各种利用中式元素的设计作品很是常见。

态所致，人们普遍认为衣着朴素是思想进步的表现之一。受到社会意识形态的影响，民众在服饰装扮上表现出一定的政治态度和阶级立场。比如对苏式服装的热衷、对军装的追捧等，都是社会政治背景下的服饰选择。

二、旗袍风潮的新一轮涌起

1978 年以后的中国变化是翻天覆地的，国民经济开始繁荣，并使整个社会在政治经济、社会文化以及民众心态等方面均呈现出空前的开放状态。而对外开放政策的实行，不仅大大地促进了社会经济的发展，还极大地刺激了社会思想和民众观念的开放，人们看到了、听到了、感受到了更多外面的世界，对自己的生活有了更高的期盼和要求。近 30 年来，人们在穿着打扮上的约束不再，获得了装扮自由的民众开始大胆地穿衣打扮。人们一方面可以向西方或东方（比如日本、中国香港地区）最新潮流看齐，年轻人带着欣喜和兴奋的心情看着西方的电影、电视，模仿着其中的装扮；而另一方面，曾经被作为旧社会生活代表的东西又重新时髦起来，比如旗袍。几乎匿迹的旗袍在中国大陆又重获新生。尤其是 1983 年，新华社发表《服装样式宜解放》的评论，称“服装应该解放些，提倡男同志穿西服，穿两用衫，女同志穿旗袍、西装裙子，服装款式要大方，富有民族特色，符合中国人的习惯”。这一年除了有关于旗袍的来自官方的倡导，还有不少关于时尚的新鲜事儿，比如 1983 年法国著名设计师皮尔·卡丹（Pierre Cardin）第一次来北京举办大型个人时装作品展示。同是这一年的 6 月，《北京晚报》登出“服装广告艺术表演班”招生启事，中国时装业的春天仿佛到来了。

1. 中国服装业的重振计划

开放后的中国各个行业均开始了新一轮的振兴计划。中国服装界在 1986 年第一次参加了巴黎国际成衣博览会，在 1987 年参加了首届香港国际成衣博览会。在中国服装业不断地主动向外开放的同时，外国服装界也表现出对中国服装的兴趣，而这种兴趣点之所在当然是中国的传统服饰。中国服装业在紧跟国际流行的时候，提出了“时装民族化”的倡议。“时装民族化”的策略是当时中国服装业的核心化战略，也是行业振兴计划之一。对于老百姓，突然的开放和自由使得其在穿着装扮上容易出现盲目性和非理性，这种倡导在当时就显得尤为必要了。而已经走出去的中国服装人看到了西方主流服装业的现状，也意识到中国服装业的相对落后，只有依靠中国的民族化特色才能在其中突出重围，取得一席之地。另外还有一点因素是不可忽视的，那就是在 20 世纪 80 年代东方风情成为西方主流时尚舞台的

图 3　刊登于《时装》1985 年第 3 期杂志上的新型连衣裙设计，红色的面料制成了亦中亦西的式样，裙子上身采用典型的旗袍设计，而下身的下摆则采用多层设计，似西方的礼服裙。在服饰配件搭配上，脖子上的珍珠项链颇有中国味道，而手上的白色手套又是西式的戴法了。

图 4　1981 年《现代服装》杂志首期封面上，一蓝一红的两件服饰分别是两种不同风格的代表。其中一件为宝蓝色的立领织锦缎长袖紧身旗袍，另一件则是洋红色的翻领束带及膝连衣裙。不过，在现实生活中，方便而舒适的西式连衣裙更加受到人们的青睐。

流行元素之一，马克·伯汉、伊夫·圣·罗兰等一批西方大牌设计师们，都不约而同地发表了“中国风”作品，因此提倡中国时装的民族化也顺应了当时的国际潮流。在“时装民族化”的倡议之下，许多国内设计师开始使用旗袍经典元素进行时装设计，比如立领、斜襟、滚边等，这在一定程度上推广了旗袍以及以旗袍为代表的中国传统服饰文化。

2. 老百姓的远观与欣赏

改革开放之初，政府和社会对中国传统服饰的推广和提倡显而易见。一方面政府提出“女同志穿旗袍”的倡导，另一方面来自企业和行业的声音也是大力提倡时装民族化。各种新出版的时装和生活类杂志中开始大量出现旗袍的图片，一时间，旗袍复苏的各种条件似乎都已具备，旗袍也好像马上就要成为女性的日常穿着了。然而这种旗袍热仅仅出现于媒体之中，现实生活中的女性对旗袍是欣赏的，却并未想到将其穿在自己的身上。

老百姓对旗袍的远观欣赏，在一定程度上也反映出旗袍在当代社会流行的不便之因素。首先，旗袍与女性日常生活状况不符，当代中国社会妇女的解放程度很高，生活的紧张程度也是很高的。女性广泛地参与到社会生活中来，忙碌而快节奏的工作、学习和家庭生活使得女性的日常生活一直处于高速运转之中。显然，这样的社会状况已经与民国时期完全不可同日而语了。试想一下，穿着合体、考究的旗袍，挤在 20 世纪 80 年代设施并不先进的公共汽车里，或者是淹没于清晨赶早的自行车流之中，是如何一番情景。总之，旗袍作为日常穿着的条件并未具备。其次，西方流行的宽大舒适的休闲服饰，对年轻人有着极大的吸引力。刚刚打开国门的中国人对西方时尚表现出从未有过的热情，他们模仿西方服装、发型、化妆，或是被日本人和香港人倒手过的二手时尚所吸引。社会风尚一下子从“唯恐不破、不土”转为“唯恐不洋”了。西式服装不仅时髦有派，还特别舒服，比如松松的针织 T 恤衫，比如飘飘的喇叭裙，都成为此时最时髦的衣服。

3. 商家的制服旗袍

旗袍在 20 世纪 80 年代终究没有在老百姓中流行开来，不过却催生了另外一种旗袍的穿着方式，这便是当代特殊的“制服旗袍”现象。“制服旗袍”出现于 20 世纪 80 年代，在大力提倡传统服饰的契机之下，旗袍作为中国传统文化和传统服饰的代表，被商家广泛使用。为了宣传和促销，礼仪小姐、迎宾小姐以及娱乐场合和宾馆餐厅的女性服务员都穿起了旗袍。一时间，旗袍成了商业行业服务和礼仪小姐的专业服饰。“制服旗袍”现象的出现曾经让各方人士颇有微词，以为其有亵渎旗袍之意。美丽而美妙的旗袍本应穿在温文尔雅的女人身上，而不应该有太多的商业味道。不过这也从侧面反映出旗袍与当代女性日

图5　2006年中国新年时推出的珍藏款中国旗袍芭比娃娃，穿着金色滚边装饰的红色绣花旗袍。此款旗袍无论款式、色彩还是装饰细节都堪称经典。也许是这样的款式太过经典，其也常常成为礼仪小姐或迎宾小姐的制服旗袍的首选款式。

常生活的距离，旗袍虽然美丽，却不可以是平常衣裳。

制服旗袍款式一般较为传统，收腰适中，下摆较长，侧面开衩相对较高，色彩一般比较鲜亮。不适用于日常穿着的旗袍，对于礼仪和迎宾而言却还是蛮适合的，因为迎宾工作劳动强度不大，肢体动作不多，活动范围不广。而更重要的是，旗袍还给穿着者带来了典雅、大方的气质，凸显了穿着者优美的身材。总之，旗袍的视觉美感功能和其中所蕴含的传统味道非常符合礼仪小姐和迎宾小姐的工作需求。

Unit-14

第十四章 多姿多彩的新旗袍（1997 年至今）

一、设计师手中的旗袍

与旗袍在国内民众中尴尬的遭遇相反，其在设计师中受到了高度的关注和追捧，尤其是从 20 世纪末开始，旗袍成了设计师的另类灵感源泉。

西方艺术家对旗袍的关注早已有之，而最早使用旗袍元素的服装设计师大概要算巴黎世家（Balenciaga）。早在 1941 年，作为巴黎高级女装设计师的巴黎世家，就在晚礼服的设计中运用了旗袍元素。这是一款裙长曳地的礼服，从整体廓形上来看与当时流行的晚礼服无大差异，而其在上半身的细节部分则使用了旗袍元素，比如中式立领、合体的衣身和袖子。而早期最著名的旗袍元素应用的例证来自迪奥（DIOR）。1957 年春夏，迪奥推出了两款明显受到旗袍元素影响的礼服，圆领直身的合体款式，特别是袍身侧面开衩至大腿中部，廓形几乎与中式旗袍一致。为了凸显这两款礼服的中国风情，迪奥将其摄影背景选为中国的石狮。而后，旗袍不时地为东西方设计师提供着创作灵感。

1. 从始至终的旗袍——伊夫・圣・罗兰（YSL）

1936 年出生在阿尔及利亚的伊夫・圣・罗兰，是法国 20 世纪最顶尖的设计大师之一，成名于 20 世纪 50 年代中后期，年仅 21 岁时便担任世界著名时装品牌克里斯汀・迪奥的首席设计师。伊夫・圣・罗兰对旗袍元素的引用较早，在西方设计师还没有对所谓中国元素有更多的了解的时候，伊夫・圣・罗兰就开始在产品设计中引入中国风格。

1977 年，伊夫・圣・罗兰就发布了著名的香水产品 Opium，其馥郁神秘而又华丽的东方辛香调香味，传递出诱惑的讯息。该香水一经推出，便以其惊世骇俗的名字和诱人的东方之香，一举成为 20 世纪 70 年代最畅销的香水品种之一。此时对于外国人而言，中国是古老的、陌生的，是他们渴望接近和了解的，而同时又有些因不了解而存在的担心。

面对西方人的这种好奇和渴求，也是在这一年，伊夫・圣・罗兰还发布了以中国清代宫廷服饰为灵感来源的高级时装作品。这款服饰为无领、斜襟，长至小腿肚，两侧开衩，从设计上来看似乎是中国清代女子旗装袍和男子马褂的综合体，而搭配的帽子和项链更有趣，尖顶的帽子基本上是中国清代官员官帽的再现，而项链则源于官员们脖子上的朝珠。

图 6　艺术家让 · 菲利普 · 多尔霍姆 2003 年创作的绘画作品。此图为多尔霍姆为法国《 费加罗夫人 》杂志创作的插画，描绘了约翰 · 加利亚诺时装发布会中的场景，其中便绘有一款发布会中出现过的带有红色滚边装饰的黑色旗袍。

图 7　1977 年，由伊夫 · 圣罗兰设计的灵感来自中国清代服饰（ 旗袍和马褂 ）的高级女装作品。这是一款无领、斜襟，长至小腿肚，两侧开衩的长袍，搭配着蓝色的长裤，以及外形很像清朝官帽的帽子和朝珠式项链。

2. 西方人的东方旗袍——约翰 · 加利亚诺（John Galliano）

迪奥品牌的作品对旗袍元素的应用早已有之。而到了 1997 年，英国人约翰 · 加利亚诺入主迪奥后，又有了一次旗袍元素的大规模应用。这次的应用十分讨巧而且应景，因为 1997 年是世界的中国年，关于中国的大事件“香港回归”不仅是中国和英国两个大国之间的事情，也是全世界关注的事情。不知是否因为加利亚诺是英国人的缘故，香港回归更加引起这位刚刚入主世界顶级品牌的设计天才的注意。1997 年，首次为迪奥推出成衣的加利亚诺，将人们的目光带回了 20 世纪 30 年代夜夜笙歌的上海滩，推出以中国旗袍为灵感的“中国姑娘”系列，其设计浮华、奢靡却又经典。加利亚诺在迪奥的第一炮就以中国紧身旗袍之性感、中国传统丝绸锦缎之华丽、中国装饰配件之独特引起了轰动。无疑，加利亚诺此次的设计是成功的，而这份成功除了服饰本身的精美漂亮，更在于其设计概念的独特和另辟蹊径。

约翰 · 加利亚诺是一位惯用世界各地民族服饰为灵感的设计师，他的一个个以异国风情为题的主题作品一次次震惊了时尚界，前辈设计师圣 · 罗兰曾评价他是“作秀的天才”。作为秀场天才的加利亚诺十分聪明地将自己在迪奥的处女秀做成了中国旗袍秀，将秀场变成了华丽而颓废的“夜上海”。这样的举动在 1997 年无疑是有创意的，也是讨巧的，将产生惊世骇俗的效应。于是这一年的各大时尚媒体充斥着东方华丽的红色或黄色丝绸，充斥着裹在紧身旗袍中、面颊画着两团红红的胭脂、打扮成东方美人的西方模特们。加利亚诺的旗袍秀勾起了我们关于上海旗袍曾经的记忆，只是模特的红脸蛋太红太大，怎么看都像是舞台上的京剧旦角，这样的浓妆性感与旗袍的搭配，又叫我们觉得有点不伦不类了。

3. 妖艳性感的旗袍再现——刘家强（China Doll）

与约翰 · 加利亚诺同时开始热衷于中国旗袍元素的，还有中国香港设计师刘家强。1996 年推出女装系列 China Doll（中国娃娃）便大获成功的刘家强，一年后便被日本权威时尚杂志评为“全球 21 位最具代表性的 21 世纪时装设计师”之一。刘家强的旗袍品位独到，个性鲜明，因为他的旗袍很透、很露、很花，还很艳。基于中国传统服饰元素，又大玩妖艳之美的“中国娃娃”系列，以中国传统的红色、旗袍式样、丝绸以及流苏等图案为特色，在欧洲广受欢迎。

1997 年是刘家强知名度蹿升的一年，他的那些穿着肚兜或超短紧身旗袍的中国娃娃频繁地出现于各时尚媒体中。一时间，西方有个约翰 · 加利亚诺，而东方有个刘家强，不免让人有中国服饰要大兴全球的错觉。而这一年恰好又是 1997 年，来自中国香港和中国大陆的一切都受到西方的关注，无论是约翰 · 加利亚诺的“中国娃娃”还是刘家强的“中国娃娃”，都更多地展示和强调了以旗袍为代表的中国传统服饰形象的妖艳或美艳，这样的特质无论

图 8　伊夫 · 圣 · 罗兰的鸦片香水 1977 年上市，以浓郁的东方情调为特色，是 20 世纪 70 年代最热卖的香水品牌之一。

图 9　1997 年加利亚诺设计的中国风格服饰，有合体的衣身、旗袍式立领，领子和前门襟处采用了珍珠边饰，色彩是中国宫廷的黄和蓝，面料则是很中国的小枝叶图案缎面提花。一切的细节都道出了其中的中国味道。

图 10　加利亚诺 1997 年设计的作品。从图片上看，此设计基本就是民国时期海派旗袍的翻版，从款式廓形到衣身、衣袖、衣领和装饰等细部结构。而从模特的整体形象装扮来看，亦是将中国味道做足了，比如中国的折扇、多串的珍珠项链，只是脸颊那两朵大大的红胭脂有些夸张，似舞台上的戏妆。

图 11　意大利设计师罗伯特·卡沃利（Roberto Cavali）的设计秉承了其一贯的美艳风格，将旗袍元素使用得十分性感而妖艳。此款旗袍采用艳丽的明黄色大花纹绸缎面料，上身极其紧小，且采用斜襟和立领的细节，而下摆处则接有超短的荷叶边装饰。

图12　中国香港设计师刘家强的性感旗袍作品，总让人想起20世纪60年代的“苏丝黄旗袍”，性感妖艳，还带有一点纯真。而这些新奇的中国设计到底还算不算中国的，似乎已经不再重要。

如何不是旗袍的典型特质，也不是中国传统服饰的典型特质，但确是西方人最熟悉的旗袍特质。

1997 年以后的刘家强和他的“中国娃娃”毫无悬念地在西方走红起来。1997 年，其秋冬系列在澳大利亚悉尼市的一家博物馆中永久展出，而在中国香港，其作品也展出于香港文化博览馆。妖艳性感的旗袍成了刘家强的符号性设计，而这种风格在“中国娃娃”品牌产品中得到了充分的展现。而后设计师不断地使用这种西方人看来新奇而又令人痴迷的中国元素与西方元素结合，比如将维多利亚式的蕾丝镶在红色刺绣的肚兜之上，将旗袍的立领和盘扣用在超短紧身裙上，等等。如此手法在“中国娃娃”的历年发布会上比比皆是，在台下观众一阵阵惊呼和掌声之后，媒体的长枪短炮开始对准了这些新奇的中国设计，中国元素就这样被传播开来。而这些到底还算不算中国的，似乎已经不再重要。

有人说刘家强是“用国际通用的时装语言传递中国古典韵味的最成功者”。关于其设计是否成功的问题，答案当然是肯定的。关于是否使用了国际通用语言的问题，答案也应该是肯定的。然而关于是否“传递中国古典韵味”，则让人有些不得而知了。不过设计师刘家强来自中国香港，其成长的文化背景与我们有一定的差异，尤其是其对中国旗袍的记忆和想象跟我们也应该是不同的，其旗袍元素的应用总让人想起 20 世纪 60 年代的“苏丝黄旗袍”，性感妖艳，还带有点纯真味道。与其说刘家强的新旗袍设计传递了中国古典韵味，还不如说传递了独特的香港式中国韵味。

4. 明媚典雅的旗袍——谭燕玉（Vivienne Tam）

另一位来自中国香港，也同样喜欢使用中国元素的知名设计师是谭燕玉。其对于旗袍元素的应用与前者不同，比如 2006 年的秋装作品，其灵感来自上海的和平饭店，模特梳着齐耳式的中国直发，身穿枣红色旗袍、亮蓝色棉袄以及桃红色织锦上衣，呈现出一派明媚和轻盈。

虽然长于香港，谭燕玉却一直坦言自己与上海的缘分，称“从小便是和上海女人的形象一起长大的”。这个所谓的“上海女人的形象”是母亲使用的上海“双妹”牌化妆品，商标图画中是两位嫣然微笑，身穿通身大花旗袍的年轻女孩。或许是因为性别的关系，谭燕玉的香港旗袍印象来自母亲，以及与母亲同时代的那些普通香港女人，因而更加真实而朴实。比如母亲自己缝制的旗袍，还有手工做的盘扣，等等。因此谭燕玉的旗袍设计传统典雅，虽然有时也很华丽，却不会一味地强调性感。

刘家强将自己的品牌取名为“中国娃娃”，颇具香艳之气，而谭燕玉刚在纽约开办公司时，却将公司命名为“东风”，即来自东方的风，又有说法是取自诸葛亮借东风的故事，

图 13　谭燕玉 2000 年出版的《中国风》（*China Chic*）封面，以桃红色的旗袍实物照片为底，突出旗袍的立领、斜襟、盘扣和滚边等传统细节。此书在 2001 年纽约书展上获得最佳书籍设计及最佳书籍封面设计冠军。

图 14 “上海滩”是一个以奢侈品自称的品牌，将中国传统服饰元素与现代服饰相结合，很好地迎合了今天的市场需求。此款“上海滩”品牌的红色针织衫，本是现代的休闲服饰，胸前却印着大大的中国 20 世纪 20 年代的旗袍美人。

不过无论此“东风”的最初取义如何，其灵动而豪迈之感，倒是带有不少男子汉的大气。

5. 为西方人而制的现代旗袍——“上海滩”（Shanghai Tang）

终于有一个响当当的具有国际知名度的中装品牌店与上海有点关系了，遗憾的是这个取名Shanghai Tang（上海滩）的品牌由中国香港人邓永锵于1994年在香港开设。不过据说“上海滩”与上海还是有着千丝万缕的联系的，比如专门招揽了自20世纪初就以精湛手工而闻名的上海裁缝师傅加入品牌，比如以精美的旗袍来展现老上海20世纪30年代的浪漫风情。

“上海滩”的主要产品是旗袍和唐装，很受西方时尚男女的欢迎。“上海滩”标志性的经典服装是款黑色丝绒面配以鲜艳真丝衬里的唐装，名为“TANG JACKET”，而其旗袍产品则时尚性较强，比较现代和西化。也因此“上海滩”的名人顾客特别多，从查尔斯王子、戴安娜、希拉里、撒切尔，到超级明星凯特·摩丝、安吉利娜·朱莉等，这些爱上“上海滩”的都是蓝眼睛的外国人。其实“上海滩”的广告也是一贯使用西方模特，虽然这些模特染了黑色的头发，眼睛眉毛也都如墨炭一般，可那样立体的脸部轮廓和深凹的眼窝，还是暴露了血统。曾经看过一张北京奥运会期间“上海滩”发布的旗袍照片，一群高矮胖瘦不等的西方年轻女孩，穿着红、金两色的紧身锦缎旗袍，都是一样的高领、一样的紧身、一样的及膝长度，很立体的款式造型穿在一群身材也很立体的女孩子身上，倒也是十分好看。又想，若是让中国女孩来穿，大概效果还真没有这样立体。看来，取名“上海滩”的旗袍倒是比较适合外国人。

6. 行走于传统与创新之间的中国大陆旗袍

相比于国外和港台设计的天马行空，中国内地设计师的作品相对严谨而保守一些，尤其是在20世纪的八九十年代。如在20世纪80年代大力提倡复兴传统服饰文化的背景之下，旗袍设计基本以传统款式为模板，进行些许细节改良，在整体风格上依然突出旗袍的婉约和东方气质。而对旗袍服饰风格真正的改良则开始于20世纪末期，越来越多的中国设计师们将旗袍应用于各种风格设计之中，旗袍可以和洛可可的大裙撑相配，还可以与性感的露出内裤的兔女郎式超短裙相配，总之旗袍的花样越来越多，风格越来越多样化，也离我们心目中旗袍该有的样子越来越远了。

不过传统旗袍的魅力仍在，对其痴迷的群体也在不断壮大之中。在旗袍大热的今天，中国的各个城市里，旗袍的定制商店可以说成千上万。而在像北京、上海等这样的大都市中，时髦而讲求品位和品质的中产阶级不断壮大，其对文化产品的需求也在逐步上升，这些都使中国的传统服饰定制市场空前火爆起来。比如在上海市中心的长乐路、茂名路，北京最

图15 刊登于《现代服装》杂志1987年第5期的设计师马红宇服装新作。新式女装为旗袍式连衣裙设计，裙身采用侧开衩、高立领等典型旗袍元素，而大面积的牡丹花装饰也极富中国色彩。

图 16　刊登于《现代服装》1992 年第 2 期，由天津皮件厂设计生产的皮革服饰，加入了大量的中国传统服饰元素，其中的一款旗袍式皮革裙装，用到了几乎旗袍的所有典型细节，包括衣身、立领、斜襟、开衩、滚边装饰以及盘扣等。

图 17　刊登于 1999 年 4 月《时装》杂志上的北京设计师樊其辉作品，采用中国传统的黄色织锦缎面料，大阔摆裙身内加有多层硬质网纱，并以墨绿色镂空花边装饰，其穿着效果类似于西方的带裙撑式罗布袍，而上身设计则体现出原汁原味的中国旗袍味道。

热闹的王府井大街等地集聚着大大小小的旗袍定制店，这些店能定制多种传统款式以及改良款式旗袍。一件旗袍的定制费用一般在 1000 元左右，单件费用高达数千到万元的精美之作也不乏消费者。更重要的是，今天消费定制旗袍的人已经不仅仅是那些喜欢中国文化的老外们了，喜欢旗袍的中国人多了起来，年轻人多了起来。

二、当代电影中的旗袍

近 30 年的中国电影界似乎对旗袍情有独钟，关于旗袍的电影层出不穷，这大约也都是由于旗袍之于中国和中国文化的关系实在太紧密了，本只是一种女性服饰的旗袍，在人们的眼中成了中国符号的代表。只要旗袍一出现，中国味道就一下子浓烈起来。当一个个包裹在华美旗袍下的女性跃于银幕之上时，外国人觉得新奇、美丽，中国人也因为久违了这样的场景而分外高兴，总之大家都是爱看的。

1. 王家卫的旗袍电影——关于香港

王家卫电影与旗袍的关系实在太紧密了，不仅有堪称 20 世纪五六十年代香港旗袍秀的《花样年华》，以及《花样年华》延续篇的《2046》，还有本身就是讲述由旗袍而生的关于爱与情欲的电影《爱神——手》，只是由于后一部电影没有在中国大陆公映，知道的人没有《花样年华》多。

王家卫的旗袍电影开始于《阿飞正传》，而非后来的《花样年华》。《阿飞正传》是王家卫的第二部影片，完成于 1990 年。故事讲述了 20 世纪 60 年代初期，一位在香港的上海移民，自小由养母养大，而后成为反叛青年的故事。这个风流浪子的第一个女友是卖汽水的女孩，名字叫苏丽珍（一个王氏电影不断使用的女人名字），后来又有了艳舞女郎女友。在浓浓的怀旧氛围中，电影展现了 20 世纪 60 年代香港底层社会中普通青年的生活状况，其中的旗袍虽然无法与后来的《花样年华》中的旗袍相比，但也是当时香港旗袍的一种再现。

《花样年华》中女主角一共换了 23 件旗袍，每一件都像是艺术品一般。最重要的是，每一件都花团锦簇地紧紧包裹着女主角凹凸有致的好身材，如肌肤一般服帖。这些花样旗袍除了有漂亮的图案，还仿佛有着体温，叫人有触摸的欲望。无数看过此电影的人，无论是外国人还是中国人，都被那些美丽的旗袍迷住了，并毫无疑问地将那些紧得透不过气来的高领旗袍当作中国旗袍的代表之作。虽然不少媒体的报道提到《花样年华》的旗袍是香港的旗袍老师傅精心按照 20 世纪 30 年代上海旗袍的式样制作，然而从电影中最后呈现的旗袍来看，这些旗袍与 20 世纪 30 年代的上海旗袍仍有差异。虽然电影的开头就出现了浓浓的上海话，女主角与从上海来的房东说着"大家上海人嘛""再会，再会"这些很海派的字眼，但是这些沪语并非指上海这个城市，而是暗指当年香港的城市生活，因为"大家上海人嘛"这样的语言只会出现于上海以外的地方。

《花样年华》讲的是 20 世纪 50 年代末期到 60 年代初期的香港故事，反映的也就自然是当时的香港女人流行的旗袍款式。这样的旗袍出现在早期的香港电影中，由林黛、李丽华、乐蒂、夏梦这些大明星们演绎，它妖艳而矜持、婀娜而性感。它只出现于 20 世纪五六十年代的香港，而不是三四十年代的上海。香港旗袍最美妙和辉煌的时期被香港导演王家卫演绎出来。虽然导演本人一贯以上海人自称，但《花样年华》中所展现的旗袍还是香港味道的，而并非上海味道。

《2046》是《花样年华》的一种延伸。男主角回到了香港，此时已经是 1966 年，香港灯红酒绿，霓虹闪耀。整个故事讲的是从 1966 年的平安夜到 1969 年的平安夜间，男主角周旋于不同的女子中，他分别在新加坡和中国香港与四个女人，先后发生了不同的故事。电影中的女人们一个个有着窈窕的身体，穿着迷人的服装，化浓艳的妆，接二连三地出现。新加坡赌场中的女人、中国香港的风尘女子、酒店里的美艳女人，最后是旅店老板女儿，仿佛一个个《花样年华》中的女主角，只是这一次数量增多了，一个变成了四个，而旗袍仍然是这些美艳女人的主要服饰，款式也还是一如既往的紧身。

《爱神》模式有些特别，整部片子由三段不同风格的影像组成，分别由三位导演拍摄，主题当然都是关于"爱"的。这三位导演分别是中国香港的王家卫、美国的斯蒂文·索德伯格和意大利米开朗基罗·安东尼奥尼，个个都是讲述情爱故事的高手。其中的《手》为王家卫导演，讲述 20 世纪 60 年代的香港，年轻的旗袍师傅被美艳的交际花挑逗过后，便深深地爱上她。爱着穿旗袍女人的裁缝，只能在每次上门裁衣时欣赏她。多年后，交际花已经不再，亦风光不再，而他痴心不改地用心缝制着最美丽的旗袍，即使被漠视、被忽视……这是一个关于穿旗袍的女人与做旗袍的男人的故事，有趣的是这样的故事竟然有很多人爱讲，比如早年张爱玲的小说《红玫瑰与白玫瑰》中振保老婆（也就是白玫瑰）与小裁缝之间，再比如上海作家程乃珊的小说《上海街情话》（后来被改编成了热播的电视剧《一世情缘》），多角的爱情故事中，旗袍师傅也占了其中之一角。

2. 关锦鹏的旗袍电影——关于上海

除了王家卫的电影，另一位中国香港导演关锦鹏的电影，也常常有穿旗袍的女人频繁进出。有趣的是，王家卫常常提到对上海风情的眷恋，也以上海人自居，然而王氏电影里呈现的却是典型的香港旗袍，无论从时间还是空间上来看，其讲的也是香港的故事。而关锦鹏的旗袍电影确是不折不扣的上海故事，发生的年代也在民国时期，即海派旗袍最辉煌的时候。因此可以说关氏的旗袍电影与上海旗袍的关系更加紧密。正如其本人所言："香港人对未来很茫然，反而趋向怀旧，缅怀过去的一些情景。我承认，我对 30 年代的生活的确很痴迷……"

1987 年，关锦鹏的第一部旗袍电影故事发生于香港，改编自李碧华的第一部小说《胭脂扣》。它讲的是 20 世纪 30 年代中国香港的妓女在死后 50 年后阴魂重返，寻找当年情人的故事。片子自然是有旗袍的，因为 20 世纪 30 年代的中国香港女人也穿旗袍，且以上海旗袍为流行之风向标。也许导演的旗袍情结开始于此，其于五年以后拍摄的《阮玲玉》，以及其后的一系列旗袍电影均讲述发生于上海的故事。

1992 年的《阮玲玉》用访谈、记录和虚构交错的方式，记述了 20 世纪 30 年代著名影星阮玲玉最后几年的爱情和演艺生活。电影极力真实地展现 20 世纪 30 年代上海的里弄、街道、电影场，而张曼玉的每一个姿势、动作和眼神都在模仿着真正的阮玲玉。片中的女明星不仅有阮玲玉，还包括当时的黎莉莉、胡蝶、陈燕燕、张织云等，这些美丽的明星们一次次穿着婀娜的长款旗袍穿梭其中。其中的旗袍，无论款式还是花纹图案均忠实于 20 世纪 30 年代中期的原貌，另有数款旗袍则源于一些阮玲玉的存世照片。同时电影中所穿插的阮玲玉早年原片片段，又如纪录片一般给我们呈现了当时的旗袍风情。因此，如果说《花样年华》是一场 20 世纪 60 年代中国香港旗袍的视觉盛宴，那么《阮玲玉》则是 20 世纪 30 年代上海旗袍的大汇展。不过，此部电影中的对白竟然是广东话夹杂着上海话，再加普通话，让人有些意外和奇怪，本来觉得海派十足的东西，一下子有些变味了。虽然香港与上海的渊源不浅，虽然阮玲玉原籍广东，但彼时的上海电影圈中，是否也用粤语来拍电影就不得而知了。

《红玫瑰与白玫瑰》是不折不扣的上海故事，改编自张爱玲的小说，讲的是 20 世纪 30 年代的上海故事，与《阮玲玉》极力追求与真实生活相似一样，此部片子也极力再现张爱玲文字中的上海，所有的细节包括有轨电车、带老式电梯的公寓楼、唱着黄梅小调的无线电，还有女人的电烫头发和旗袍，都是如此。而其中最具有上海风格的大约要算是那位亲自上门服务的旗袍小裁缝了。《长恨歌》也是上海人写的上海故事，原作者是王安忆，讲的是 20 世纪 40 年代的上海故事。两部片子故事发生的年代稍有不同，而电影中女性的旗袍装扮很好地体现了这种差异。女主角虽然是选美出身的大美人，但其身上的旗袍款式并非紧身妖艳，而是腰身若松、肩部明显装有厚垫肩，这是 20 世纪 40 年代上海女人最时髦的旗袍式样，虽然不似 20 世纪 30 年代的美艳，也不似 20 世纪 20 年代的清新，但这种风格的改良旗袍确实风行于 20 世纪 40 年代，它与高耸着前刘海的电烫发型相配，不免让当时的上海女人有些硬朗起来。

3. 杨凡的旗袍电影——关于情色

还有一位导演极爱旗袍。大概是由于摄影师出身，成长于中国台湾、中国香港两地的导演杨凡对镜头的美感特别讲究。不注重故事情节而特别讲究画面美感的杨凡，不仅有唯美主义导演之称，又被称为情色片导演。他讲的故事越来越特别，关于爱与欲的故事越来越不一般，而画面也越来越大胆和直白，比如获得过国际大奖的《游园惊梦》，还比如更加大胆的《桃色》。值得一提的是，这位擅长讲情色故事的唯美派导演，最著名的两部电影中都有旗袍与美人相得益彰，华美的衣服与色欲的身体构成了其中奢靡、颓废而又美至极致的画面。旗袍的唯美和情韵，以及其对穿着者身体之美的独特展示，赋予了这种服饰特别的视觉效果。

电影《游园惊梦》片名源自汤显祖的代表作《牡丹亭》（电影的英文名字直接翻译成了“Peony Pavilion”，即《牡丹亭》的英文译法），讲的却是段 20 世纪 30 年代发生在苏州的不同寻常的情爱故事。片中的三位主角，两女一男，有同性恋、异性恋、双性恋，有爱、有恨、有嫉妒、有无奈、有激情。故事本身的元素已经够有吸引力了。不过对于一位被称为唯美主义的导演来说，这些元素显然还不够视觉、不够唯美。因此电影中的故事放在了有园林美景的苏州。电影中的女主角成了一位擅唱昆曲的曾经的美艳名妓，而电影发生的年代放在了中国女性旗袍最灿烂辉煌的 20 世纪 30 年代。于是电影中，精巧的苏州园林、奢华的昆曲戏服，以及穿着民国旗袍的美丽中国女人们，营造着别样的没落、颓废和奢华之美，正是应了《牡丹亭》中的那句“良辰美景奈何天，赏心乐事谁家院”。有了这些视觉佐料，电影后来在国际电影节上的获奖便理所当然。其实这样的生活不仅对于外国人是陌生而新鲜的，对于中国人也是陌生而新鲜的，吸引眼球的不仅仅是离奇的故事，还有这些味道浓烈的视觉佐料。

讲到杨凡的作品，不可不说其于 2004 年出品的《桃色》，虽然片子没有得奖，据说票房也一般，而讲到旗袍电影，这部大胆的情色电影却是不可或缺。据说此部电影的故事主题与《游园惊梦》一样，亦来自《牡丹亭》中的一句唱词“情不知所起，一往而深”。它讲的当然也是情的故事：在一间尘封了 30 年的豪宅公寓里，美丽的香港地产经纪人、高雅的日本贵妇、神秘的韩国女郎，与摄影师和警察之间发生了离奇的情爱故事。复杂的多角关系、微妙的情感，再加上本身就经不起推敲的故事，构成了迷离、恍惚而又炫目的视觉语言。《桃色》在2005年香港电影金像奖上共获得最佳服装造型设计和最佳美术指导两项提名，可见电影中服饰造型很是用心。而就服饰本身而言，电影中三位美艳明星的衣服主要有三种：一种是少之又少的性感内衣，一种是露之又露的西式礼服，而第三种则是紧之又紧的中国旗袍。对于一部情色电影，前两种服饰的应用理所当然，否则就无法展示情与色。而片中各式旗袍的应用比较特别，也由此可见导演对旗袍的情有独钟。虽然电影中的三位女主角分别来自中国、日本和韩国，但均有穿着旗袍的镜头出现。这些旗袍使用华丽的面料，有各种精细的装饰细节，如高领、盘扣、滚边等，可以说，属于中国旗袍的典型细节一个都没有少。而紧之又紧的袍身则有些像1960年好莱坞电影《苏丝黄的世界》中的苏丝黄旗袍，那一身高开衩的紧身超短旗袍展现的是一份妖娆和性感，虽然身体是被包裹的，而情欲却是呼之欲出的。这样的旗袍对于情爱之表现，似乎一点也不逊色于内衣和西式晚礼服。杨凡的电影《泪王子》，是导演早期台湾生活的写照，其中女主角们一袭袭的旗袍，不仅展示了20世纪五六十年代台湾外省人的旗袍风貌，也进一步体现了导演对旗袍的别样喜好。

4. 穿旗袍的明星们

当代西方电影明星中最喜欢穿旗袍的，大约要数妮可·基德曼了。或者说喜欢穿旗袍的西方明星中，获得过奥斯卡最佳女主角的妮可·基德曼知名度最高。在多个重要的场合以旗袍形象隆重出场的基德曼，对中国旗袍的喜爱不言而喻，早在1990年的奥斯卡颁奖礼上，她便以一袭肉粉色透明质地的旗袍艳惊四座，风头盖过其明星丈夫汤姆·克鲁斯。1997年奥斯卡奖颁奖典礼上她以黄绿色改良旗袍亮相，法国戛纳电影节中则穿上了红色金底葡萄花样的旗袍，高领无袖，长度适中的设计，几乎是民国时期海派旗袍的翻版之作。虽然身高超过180厘米，可本是白种人的妮可·基德曼却生来就有一副东方人的骨架，骨骼纤小、细腰窄肩的体型十分适合东方的旗袍。大约也是认识到了自身的优势，基德曼屡屡以旗袍装扮示人。影片《澳大利亚》——号称“澳大利亚电影史上最贵影片”——以20世纪30年代的澳大利亚达尔文市为背景。此时正是中国的全民旗袍时期，旗袍几乎成为都市女性的唯一日常服饰。当时的达尔文市据说亚洲人口多达三分之一，扮演澳大利亚贵妇的基德曼便在电影中多次以美艳的旗袍出场。电影宣传片中的女主角也是一袭中国红的高领改良旗袍，精美的中国式花卉图案跃然其上，身后的背景中一盏盏中国灯笼更为人物服饰装扮增添了中国味道。

如果说外国明星们选择中国旗袍出场是一种特别品位和偏好的话，中国明星在公共场合对旗袍的选择则有一些搏出位的感觉。在一群美丽无比的盛装美人中，要叫人一眼看到、注意到，便只有借助于一些外力了。于是大大小小的要美丽、要特别、要高符号化和高识

图 18　平时就爱旗袍的好莱坞明星妮可 · 基德曼在电影《澳大利亚》中多次以旗袍装扮出场，片中的红色高领改良旗袍成为电影宣传片中的重点展示内容。在一盏盏中国灯笼的衬托之下，这款旗袍的中国味道更加浓烈。

别度的中国女明星们，一旦到了外国人中间，就穿起了旗袍。不过中国女明星们的旗袍打扮，得到赞誉最多的还是巩俐。多年前的巩俐便以旗袍形象出现于各大电影节，比如 1992 年当上威尼斯影后之时，她在以白色缎纹改良旗袍示人得到好评之后，我们看到巩俐的旗袍装扮越来越多。最著名的是 2004 年戛纳电影节上的两套 YSL 旗袍，出自美国设计师汤姆 · 福特之手。外国人的旗袍设计通常都有些出乎中国人的想象。这两款中国旗袍性感无比，大胆地将胸前部分做成了深 V 款式，可谓中国旗袍与西式礼服的结合。而锦缎的材料和中国式的图案、领子、衣身和侧开衩等细节又是十分中国化的，YSL 旗袍让巩俐在 2004 年的戛纳艳压群芳。巩俐的旗袍装扮形象比较固定，身穿旗袍之时，其发型均为简单的盘发，额头光洁，美人尖展现而出，中国古典韵味十足。其实就其高大丰满的身材而言，传统的旗袍并不十分适合她，唯有经过改良后与礼服合二为一的现代旗袍，才更加显现出她既符合现代审美又不乏古典韵味的独特气质。

巩俐之后，众多有机会出现于世界性电影盛事中的中国女明星们，流行起了与旗袍为伍的红毯风潮。改良的、变形的旗袍，看起来像又或者神似而形不似的旗袍，成了女明星的最爱，这一切皆因为旗袍本身之美，以及其所代表的中国文化之美。

三、当代文学作品中的旗袍

1. 王安忆的《长恨歌》

王安忆的此部小说日后获得了分量很重的中国茅盾文学大奖，此后被频频搬上电影、电视还有舞台剧上，可以算得上是当代最著名的关于上海女人的小说。《长恨歌》的故事开始于 20 世纪 40 年代中后期，结束于 20 世纪 80 年代，女主角由一个典型的 17 岁上海弄堂淑女、上海小姐第三名、豪华公馆里的高官情人，到单身的打针护士、辛苦的单亲母亲，最后是孤身的老太太。故事发生在上海，是上海成就了这个女人让人唏嘘不已的一生，也只有在上海，王琦瑶才可以成为王琦瑶。而小说中王琦瑶的故事或多或少与旗袍有着联系，旗袍贯穿于整部小说的三大部分，这些旗袍或是用来穿的，或是用来藏着的，又或是用来看的。

17 岁的王琦瑶还是个普通的上海中产阶级弄堂女儿之时，“总是闭花羞月的，着阴丹士林蓝的旗袍，身影袅袅，漆黑的额发掩一双会说话的眼睛”。后来有一张照片登上了杂志的封面，这是“她穿家常花布旗袍的一张。她坐在一具石桌边的石凳上，脸微侧”，照片中“她的五官是乖的，她的体态是乖的，她布旗袍上的花样也是最乖的那种，细细的，一小朵一小朵”，这是典型的所谓“沪上淑媛”的模样。参加选美比赛的王琦瑶，着实打扮了一番，穿上了裁缝专门缝制的粉红色缎子绣花旗袍。而正是这娇嫩新鲜的粉红色旗袍，俘虏了李主任的心。因为“那粉红依然是娇媚做在脸上，却是坦白、率真、老实的风情”。而“那粉红缎旗袍在近处看是温柔如水，解人心意”，女主角一生的孽缘和孽债由此而生。

20 世纪 50 年代，已经成了打针护士的王琦瑶“总是穿一件素色的旗袍，在 50 年代的上海街头，这样的旗袍正日渐少去，所剩无多的几件，难免带有缅怀的表情，是上个时代的遗迹，陈旧和摩登集一身的”。她就这样“穿一件家常的毛线对襟衫，里面是一身布的夹旗袍，脚下是双塔牌布鞋”，开始了人生的第二段孽缘。苦难无助之时，“看见的是那一件粉红缎的旗袍。她拿在手里，绸缎如水似的滑爽，一松手便流走了，积了一堆。王琦瑶不敢多看，她眼睛里的衣服不是衣服，而是时间的蝉蜕，一层又一层”。多年以后，已经长成大姑娘的女儿试穿这件旗袍，不过“旗袍在她身上，紧绷绷的，也略短了。到底年代久了，缎面有些发黄变色，一看便是件旧物”。毕竟物是人非，“这件旧旗袍，并没有将她装束成一个淑女，而是衬出她无拘无束的年轻鲜艳，是从那衣格里浸出来的”。王琦瑶的粉红色旗袍就此了结了生命，因为“再没将它收进箱底，只是随手一塞。有几次理东西看见它，也作不看见地推在一边，渐渐地就把它忘了”。

《长恨歌》中的旗袍描写多达几十处，其中最为点睛之笔，自然是那件粉红色缎子绣花旗袍，它不仅是女主角日后脱离常规人生的开始，也伴随着一生的各种变故。而对于女主角跨越三个不同时代的典型生活的描写，也与旗袍有着一定的关系。比如女主角民国时期的旗袍装扮和新中国建国初期的旗袍装扮明显不同，其时代烙印显见。1947 年的“上海小姐”王琦瑶穿着白色滚白边的旗袍，脸上涂了正红的胭脂和唇膏，“臂上挽一件米黄的开司米羊毛衫，不是为穿是为配色”。而在 20 世纪 50 年代其便只是布旗袍，加上一件家常的毛线对襟衫。

1954 年生于南京的王安忆，从 1955 年开始便生活于上海，被称为继张爱玲后，又一海派文学传人。在此部作品中，我们或多或少地看到了其与张爱玲小说中相似的语言风格和叙事方式。而作为女性作家，两人也都喜欢和擅长描写女人的服饰装扮等细节。不同的是，张爱玲生活的上海是人人都穿旗袍的，而王安忆生活的上海，旗袍之风华早已不在。因此，王氏小说中的旗袍描写虽多，但很少涉及诸如面料、色彩、款式等流行细节，毕竟穿着花样旗袍的民国美女是作家并不真正熟悉的。

2. 程乃珊的《上海街情话》

《上海街情话》中的上海街并不在上海，而在香港。这是一条典型的香港街道，位于九龙旺角。与王安忆小说中的上海旗袍不同，程乃珊主要写的是香港旗袍，虽然它的前身还是上海旗袍。小说中小毛师傅与阿英的故事与旗袍紧密相关。小毛是来自上海的旗袍师傅，1957 年到香港。而阿英是一个有着可口可乐身材的上海小姐，这样的身材是专为旗袍而生的，随便怎样做出来的旗袍穿在她身上都有样有型。在上海，小毛为阿英做的是阴丹士林旗袍，因为阿英要去应聘永安公司的售货小姐，那可是当时最时髦的职业了，后来阿英成了售货小姐，还成了著名的“钢笔西施”。在香港重逢后，小毛与阿英的故事还是关于做旗袍的。“都是五六十年代南下的那批上海时髦女人，她们相约好似的争先恐后来到香港：人来了心还属上海，吃饭要去‘上海总会’‘雪园’‘留园’这些上海馆，做头发专拣门口有白蓝红三色灯转的上海师傅开的店，看戏爱听绍兴戏沪剧评弹。”这些上海来的女人们，穿衣服也自然是要穿上海旗袍的。住在香港北角的阿英件件旗袍要小毛亲自做，而且“做起旗袍来一做五件六件的”。小说中着重描写的是一款 20 世纪 50 年代的香港旗袍，这款旗袍黑塔夫绸质地，原是小毛师傅为阿英当年参加红星林黛的葬礼而连夜赶制的。这是一款短旗袍，正是 20 世纪 50 年代香港的流行式样。40 多年以后，阿英要参加老情人的葬礼，拿着这件黑色旗袍请小毛师傅修改，要求是“胸围要收紧一点，还有，那时流行短旗袍，现在年纪大了，穿短旗袍不好看”。于是，小毛“小心地就着老花眼镜，用把绣花剪刀一点一点将旗袍下摆放出来”。

程乃珊的旗袍小说中，有做旗袍的师傅，还有穿旗袍的女人，而两人之间的联系也是一次次做旗袍和一件件做好了的旗袍。小说中故事的最后揭秘仍由一件旧旗袍带出，随着一件旧旗袍的改制，女主角终于将所有的故事和盘托出。

Unit-15

第十五章　当代旗袍与当代社会

一、旗袍东山再起的原因

1. 中国人的怀旧与想象

今天的中国人特别尊重传统文化。红木家具在一轮轮的追捧之下，终于标出了天价；书店里各种装帧精美的收藏类书籍特别好卖；老百姓也开始以谈论古董为时尚了。我们从来没有如此真切地感受到文化的重要，也从来没有如此对自己的传统感到自豪。于是中国文化记忆正悄然开放，我们开始享受着传统文化带来的物质和精神价值，在文化乌托邦中，实现着精神世界的享受。今天，在穿着 T 恤和牛仔的人群中，一袭旗袍的装扮不仅仅是一种别致，还是品位和格调的标志。

对于当代的普通女性而言，身穿旗袍是一份对过往生活的重新想象，也是一份对过往文化的仪式性再现。她们穿起了传统的旗袍，于家中的镜前顾盼，或偶尔在公共场合展现，在怀旧的氛围中，虚拟着自我身份、时间以及空间存在。这样的旗袍装扮，或多或少地有一些游戏的成分和角色扮演的性质，有点像时下年轻人十分热衷的 Cosplay。虽然这种角色扮演是源于对民族文化的热爱和认同，但毕竟那些传统的旗袍与我们今天的生活相去甚远，其于日常之衣、食、住、行的不方便，自是不用多说。

那些因为工作需要而穿着旗袍的女性，则又是另一番情景。这里所说的工作需要，包括走红地毯的大明星们、普通的迎宾小姐和礼仪小姐。她们的旗袍不再是对过往生活的怀旧和想象，而更是一种中国文化符号的展示，是给别人看的旗袍、给别人看的中国文化，这里的旗袍更像是一种文化身份的标榜。

2. 外国人的新奇与再创

对于旗袍，西方人是新奇的、惊喜的。早在 20 世纪五六十年代，西方的一些著名设计师们就开始了以中国旗袍为灵感的设计，西方的一些影星和名流们也穿起了中国旗袍。但那时的中国旗袍风潮主要受香港旗袍的影响，可以说 20 世纪五六十年代的旗袍风潮影响程度和影响范围有限。而新一轮的旗袍风潮兴起于 20 世纪末期，以 1997 年为标志性时间。这一年法国老牌迪奥推出了新秀约翰・加利亚诺的灵感来源于中国旗袍的超级旗袍秀，旗袍从来没有像这样受到世人的关注。而西方人对于发现旗袍之美的惊喜，也引领着越来越

图 28　今天的中国孩子也许还在父母的良苦用心之下穿着旗袍，但是这样的装扮只能是偶尔的“传统”，或者“好玩”一下。作为文化符号的旗袍，在今天已经基本丧失了广泛流传的各种内外部条件。

图 26　1991 年第 3 期《现代服装》上刊登的“王蕙君服装设计作品选”之一。其设计基本沿袭了传统旗袍之式样，突出周身精美的刺绣和传统图案。这样的传统旗袍在 20 世纪 80 年代和 90 年代初期的各个时装类杂志报纸中比较常见。

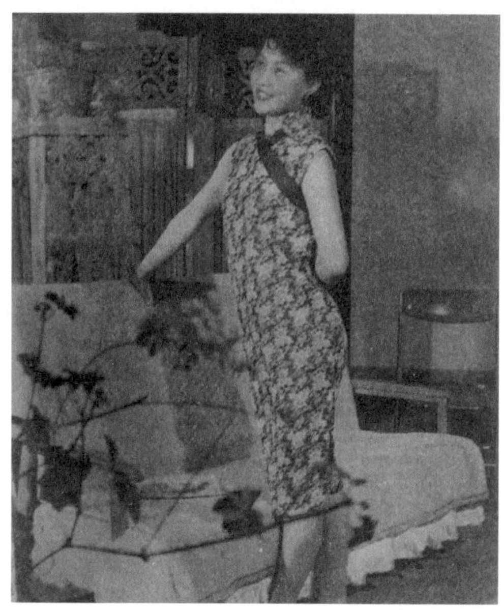

图 27　1984 年第 11 期《现代服装》上刊登的山西针织厂设计生产的女装，该女装采用立领无袖斜襟的设计。此款墨绿色底上白花的针织裙虽然借鉴了旗袍的一些款式细节，但总体而言舒适实用，适合于日常穿着。

多的西方品牌和设计师们开始有关旗袍的设计。

外国人对于中国文化的理解总是与我们自身的感受不同。因为毕竟是“老外”，毕竟不是从小耳濡目染，这大约就是远观与近赏的差异，天生与后天的差异。西方人在舞台上可以将自以为的中国旗袍改良成中国人匪夷所思的东西，这种艺术的夸张不仅源于西方人的开放天性，更由于其对于中国文化的伪理解。于是西方设计师的旗袍秀以加入了口号声的高亢旋律为背景音乐，舞台上摆满了红色的玫瑰，模特们的脸上涂满了红红绿绿的化妆品。这是20世纪末期西方人对于旗袍的理解，它热情妖艳、性感诱人，却不是中国人自己的旗袍。21世纪的旗袍设计似乎恢复了旗袍本来的面貌，西方人也看到了旗袍的另一面，便是婉约、含蓄、精美，那一份性感应是隐约的，那一种奢华应是低调的。西方人对于旗袍的再创造仍然在继续，但不再是一味的妖娆和性感，而是更加多样化。

图29 Tina Chow为日德美混血儿，在美国长大，却有一个中国名字周天娜，源于她1972年与中国京剧大师周信芳次子的婚姻。代表东方美的Tina Chow自己设计了旗袍，撑着花纸伞斜卧在一张暗红色的中式贵妃榻上，香艳之中带着颓废和迷醉。这是1973年的照片，可能也代表着当时西方人对中国旗袍的既定想象。

二、消费文化中的中国符号

法国学者让·波德里亚在《消费社会》一书中提出：“消费是一种积极的关系方式，是一种系统的行为和总体反应的方式。我们的整个文化体系就是建立在这个基础之上的。”所谓“消费社会”的说法因此而为现代人所接受。我们赖以生存的社会正是这样一个消费着的社会，我们正是消费的主体，不断地消费着各式各样的商品。而对于消费社会中的各种商品而言，“为了成为消费的对象，该对象必须变成符号；它必须以某种方式超越它正表征的一种关系”。英国学者迈克·费瑟斯通在《消费文化与后现代主义》一书中则提出了“消费文化”这一概念，并指出“在文化产品的经济方面，文化产品与商品的供给、需求、资本积累、市场的竞争与垄断等原则一起，运作于生活方式领域之中”。

在现代商业社会中，人们对各种商品的消费过程，不再是单纯地对商品本身的消费，而是越来越注重商品的精神价值和情感意义，或者说，同时也消费着商品所代表和体现的所谓精神和情感价值。因此商品背后的所谓象征和想象的情感意义的作用越来越大，即消费者对商品背后的意义的需求，往往超过了其对商品本身的使用价值的需求。对于服饰品的使用和消费，这种所谓的情感和精神消费之意义更大，服饰产品的符号意义越来越强。因为今天我们的生活早已摆脱“吃不饱，穿不暖”的贫困境遇。同时对于服饰品本身而言，其符号性功能本来就强于其他商品。这一点在学者关于服饰起源的研究中，已得到某种证明。比如至今关于服饰起源的学说中，数种说法并存，其中最具代表性的包括保护说、宗教说、装饰说等。其中的装饰说、宗教说，都在一定程度上说明服饰这一物品在使用时本身就具有强大的符号性功能，其所谓的情感和精神意义从起源之时便已具有。

旗袍，被人们看作是中国女性的典型服饰，若追根溯源的话，旗袍最初只是满族女性的一种袍服。但是经过多年的变迁之后，今天的旗袍早已成为中国女性传统服饰的代表，它经过皇城皇宫中的奢华繁复，经过十里洋场中的妩媚多姿，经过繁华香江中的妖娆性感，到今天已经百炼成钢，成为最具有代表性的中国服饰品，也成为识别性最强、认知度最高的中国符号之一。这就犹如，只要来个拳脚大展的姿势，人们就知道是中国功夫，知道是中国人了。而只要是一身织锦缎的旗袍穿上身，人们就觉得中国味道浓得不得了，就觉得离中国文化不远了。

这时的旗袍是衣服，却又不单单是衣服，因为在看到旗袍之时，我们还有更多的联想和想象。我们将旗袍看作代表中国的符号，并在自觉和不自觉中对这个符号进行着译码的过程，我们由此想到了旧时上海滩的舞厅，想到了吴侬软语的弄堂人家，想到了床榻上烧着烟枪的女人，想到了香港避风塘的苏丝黄……我们由一个符号到另一个符号，或者若干个符号，不断地进行着编码和译码、再编码和再译码，最后被各种想象所包围。

作为典型的中国文化符号，旗袍是非语言的，却比一般语言来得更加直接和直白。一方面因为旗袍作为一种服饰品，本身便具有强烈的视觉效果，又包裹于美妙的人体之外，真正是一席视觉的大宴。而视觉图像的直白显然强于任何语言，它更容易被看到，更容易被识别。另一方面则是旗袍的象征意义早已经被人们所熟悉，不论是东方人还是西方人，都知道旗袍所指代的中国，就如纱丽之于印度，和服之于日本，或者花短裤之于夏威夷。

1. 旗袍作为文化符号的艺术性

就艺术美感而言，旗袍无疑是美的，是艺术家眼中需要着重表现的美物。无论是加利亚诺、谭燕玉、刘家强，还是王家卫、关锦鹏，他们都在展示着旗袍的美，而同时也在创造着符号，即作为中国文化代表的旗袍背后的联想和想象。这些想象都关于中国和中国文化，但又有不同之处。比如刘家强的旗袍叫人想到性感和妖娆，而关锦鹏的旗袍叫人想到怀旧的朦胧典雅和颓废消极。在使用旗袍作为中国符号的同时，这些艺术家又对旗袍进行了进一步的编码，即符号的再创设，也由此产生了代表自我的艺术风格。

由此看来，艺术家的创作是一个不断地使用某种符号，并在此基础上再编码的过程。在使用旗袍这一标志性符号元素时，成功的艺术家们更是如此。其艺术产品的“附加值”就是在这样的编码之中，而后又通过消费者（买衣服的人、看电影的观众）的译码最终生成。我们或许可以称这些艺术家为聪明的艺术家，因为他们知道使用文化符号，并娴熟地使用文化符号再创设出属于自己的商业符号，于是在消费的社会里，其艺术作品的附加值不断地提升，人们开始沉迷于其独特的艺术作品以及其背后的各种想象，因此而建立了牢固的产品制造者与产品消费者之间的关系。

2. 旗袍作为文化符号的商业性

在现代社会中，消费不仅仅是一个简单的买与卖的经济过程，也是个涉及文化符号与象征意义的表达过程。其中消费者通过消费实践、通过消费模式中的符号使用，并借由对符号的译码和相关想象来满足自我需求，实现自我满足。正如那些对旗袍着迷的消费者，在旗袍的购买和消费过程（自我穿着或者观看他人穿着）中，通过对旗袍所代表的中国文化以及相关的各种想象，享受着作为一个中国文化爱好者的快感。在这样一个商业社会里，旗袍作为文化符号的商业性因此而显现。一切的商业行为，也因此而加入了文化的元素，商品的消费过程变成了文化信息的传播过程。

成功的华裔设计师谭燕玉曾经坦言，自己一直坚持做中国的东西，即使商家认为过多的中国化会影响其销售，但谭燕玉一直坚持这种风格和品位，坚持着旗袍以及其他的中国

图 30　今天的旗袍无疑成了消费文化中的中国符号，世人在自觉和不自觉中对其进行着编码和译码，由此想到了旧时上海滩的舞厅，想到了吴侬软语的弄堂人家，想到了床榻上烧着烟枪的女人……

元素。其实从文化符号的商业作用来看，设计师的这种坚持更具有商业性，因为“Vivienne Tam”品牌的消费者买的不仅仅是几件画着牡丹的旗袍式连衣裙，更多的是消费着一种中国文化品位，没有中国文化，原有的消费者大约都会跑光。而那些迷恋着王家卫的电影，称其为大师的观众们，大约有不少是一边看着电影，一边想象自己正游走在 20 世纪 60 年代香港的大街小巷，满眼尽是穿着花样旗袍、梳着高发髻的优雅女人们，宛若蛇腰的身体轻轻扭动。因此消费本身如同一个仪式，代表着对商品意义的认可，同时也是对商品背后的文化内涵的认同。

比如前几年热映的电影《风声》中，两位女主角的旗袍也叫人眼花缭乱。不过作为一部故事背景发生于民国时期的电影，这样的场景本就在意料之中。只是作为一部悬疑电影，故事的最后悬念竟然也“缝”在了旗袍中，这样“编”出来的故事显然比小说原著更具有可看性，更具有民国特有的时代特色，还带有一点香艳的味道。电影中，旗袍的引入不仅有着别样的视觉美感，还很具有商业性。

三、文化全球化的产物

关于“文化”一词的定义，学术界众说纷纭，而较为公认的定义源于英国人类学家 E.B. 泰勒。其在《原始文化》一书中提道：“文化或文明，就其广泛的民族学意义来讲，是一个复合整体，包括知识、信仰、艺术、道德、法律、习俗以及作为一个社会成员的人所习得的其他一切能力和习惯。”文化哲学把文化结构区分为物质文化、制度文化、精神文化三个层面。物质文化实际是指人在物质生产活动中所创造的全部物质产品，以及创造这些物品的手段、工艺、方法等。制度文化是人们为反映和确定一定的社会关系并对这些关系进行整合和调控而建立的一整套规范体系。精神文化也被称为观念文化，是以心理、观念、理论形态存在的文化。它包括两个部分：一是存在于人心中的文化心态、文化心理、文化观念、文化思想、文化信念等；二是已经理论化对象化的思想理论体系，即客观化了的思想。

如果说，今天的旗袍已经被世人公认为中国文化的代表的话，那么旗袍应该既是属于物质文化的，又是属于精神文化的。首先，旗袍作为中国女性的传统服饰，是中国人在物质生产活动中所创造出来的物质产品，并且有其既有的工艺、方法和手段。其次，作为精神文化的旗袍，还是一种存在于人们心中的文化心态、文化心理和观念。旗袍之所以存在着如此的文化意义，是因为其在产生、演变的过程中，通过不断地被穿用、被欣赏、被关注，而表现出了特定的文化内涵，表达了某种精神意图。而不论是就物质文化，还是精神文化而言，旗袍所代表的文化都是中国的，有着深深的中国符号之烙印。

图 31　旗袍也可以这样亦中亦西、亦土亦洋的混搭。有着一头卷曲金发的西方少女，穿起了中式旗袍改良装，领子、门襟、滚边等旗袍典型元素明显可见，不过搭配的却是短短的牛仔热裤。

图 32　意大利品牌 BLUMARINE 的旗袍设计，采用了经典的中国织锦缎面料以及大花朵的中国花卉图案，而性感的开放式斜门襟和高开衩，已经让旗袍含蓄的包裹变成了热情的裸露。这样的衣服还是不是旗袍，也许已经不再重要。

在全球经济和文化高速发展的今天，有人以为，随着全球化的不断深入，各民族文化将相互交流和渗透，最后形成一种新的全球性的文化样式。然而，事实上，随着全球化进程的不断深入，人们看到的是各种民族文化得到了更多的展示机会和更大的尊重。应该说全球化是人类在多元文化基础上对全球统一文化模式的追求，其基础是对各种文化的尊重，是对文化多元化的追求。正是由于文化全球化的进程，以及多媒体时代信息资源的传播速度和效率的进一步加快，文化全球化更多地表现为一种文化资源的全球化。我们可以看到、接触到更多的非本土化的物质和精神文化，并不断地感受到这些文化的魅力，从而接受和认可这些文化。我们也看到更加频繁的不同民族、地域、国家之间的文化互动与交流。

美国政治学家、哈佛大学教授塞缪尔·亨廷顿1996年出版了《文明的冲突与世界秩序的重建》一书，书中将世界划分为八个文明群体，分别为中华文明、日本文明、印度文明、伊斯兰文明、西方文明、东正教文明、拉美文明和非洲文明。这里，中华文明被放在了第一位。作为中国文化代表的旗袍，以民族服饰的物质形式进入到世人的眼中，并开始展现其特别的魅力。这也是为什么今天的西方人、东方人都开始如此痴迷于旗袍，中国的、外国的艺术家们都如此热衷于旗袍。他们从开始时对旗袍的远观和欣赏，到今天开始直接地享用和使用，我们看到了那么多的国际品牌开始设计带有旗袍元素的服饰品，比如一向以性感明艳风格示人的范思哲将中国旗袍改装成了张扬的性感的礼服；伊夫·圣·罗兰发布会上的中国旗袍不仅露出了半个胸部，还搭配起时髦的高筒靴；而迪奥的中国旗袍设计在原汁原味中加入了西方服饰的戏剧化，于是中国旗袍不仅穿在了西方人身上，还搭配着夸张的红脸蛋；罗伯特·卡沃利的旗袍除了绣有中国的龙，还依旧保持着热情和性感，短短的下摆几乎露出了整个大腿。这些也都是文化资源全球化的经典佐证。

第六部分

Chapter-06

旗袍与中国城市文化

Unit-16

第十六章 中国旗袍文化的三要素

法国学者丹纳完成于 19 世纪的《艺术哲学》一书，直到今天，仍被看作是极其经典的理论著作。人们普遍认为其中有两大成就，即其在书中提出的两大理论，一是关于艺术的“种族、时代、环境”三元素说，二是关于艺术批评的三种尺度问题。其中，前者着重强调了种族、时代、环境这三大元素对艺术的决定性影响，并将艺术的三要素理论形成了一个较为严密、完整的学说体系。另外德国哲学家黑格尔也有关于环境、冲突、性格以及古希腊神话的分析，给予时代、环境、民族等因素以极大的重视。

旗袍作为民族的文化艺术品，我们不妨也从丹纳在《艺术哲学》中所论证的艺术三要素角度对其进行相关论述。旗袍这粒具有生命力的种子，是如何在不同的气候条件下，由其所具有的种族、时代、环境这三大因素影响，而在各处开着花、结着果。丹纳所述的艺术的种族要素，则对应于旗袍为满人、汉人等不同民族所穿用时，所呈现的不同形式时代要素，对应旗袍流行的不同历史时间段；环境要素则可以从旗袍流行的空间转移来看。

一、旗袍文化与种族

北京是一个各族人口杂居之处，汉族与满族、蒙古族、回族、藏族等少数民族混杂而居。但是北京人口的混杂中又带着统一，因为就总体而言是以北方人为其中的大多数。北京人是北方的汉族人与北方的满族、蒙古族、回族等少数民族的混合。林语堂在《大城北京》中谈到北京人的种族和个性时，写道：“北方的中国人也许得益于北方各种血统的融合，得益于汉人与来自蒙古人和鞑靼人的通婚。”所以“北方人基本上还是大地的儿女，强悍，豪爽，没受多大的腐蚀”。豪爽的北京人穿起旗袍来，也颇有豪爽之气，宽宽大大地往身上一套便可以了，没有太多的啰嗦和讲究。因此，我们看到了阔大不收腰的宽袍长长地罩在了北京人的身上。

近代上海无疑是个移民城市，各地的移民混杂其中。据记载，20 世纪 30 年代，上海本籍人不到 30%，而外地籍贯人士主要来自江苏、浙江、安徽、广东、湖北等，即上海的中国移民主要来自江南地区，也就是人们常说的吴语地带，包括今天的苏浙皖三省市地区。这些人是中国人通常所说的南方人或“江浙人”。同时上海还是一个中外人口混杂的城市，20 世纪 20 年代上海的外国人有 2.7 万，20 世纪 30 年代有 5.8 万，而到了 1942 年，外国

图1　孝庄文皇后朝服像，北京故宫博物院藏。此图为身着华丽朝服的孝庄皇后。

人总数高达 15 万。而此时上海的人口总数为 400 多万，即每 100 个上海人中大约就有 4 个外国人。因此民国时期的上海真正是个大熔炉，造就了上海人敏感、聪慧、机灵的个性。上海人穿起旗袍来是十分讲究的，腰身收得好不好、料子花样时不时髦、下摆是短一寸还是长一寸，都得算计好了，否则就不好看、不美了。

中国香港也是一个移民城市，据 1931 年的统计资料，当时中国香港的总人口为 7.3 万，其中华人 6.1 万，主要为广东人。而到了 1950 年 3 月，由于大量移民涌入，香港人口增长到 263 万，这些移民不仅来自广东，还有大量的中国其他各地人，而其中又以上海人最多。因此，香港社会主流文化是以岭南文化为主要表现形态，还夹着海派文化。另外，由于长达一个多世纪的英国殖民统治，香港还有大量的外籍人士。20 世纪 50 年代初期，香港的上层社会由一批讲英文的西方人和讲英文的中国人组成，在社会底层的主要是生于斯长于斯的广东人，他们讲着广东话。一批批带着财产、技术、学识来的新移民（包括上海人）则处于社会中层。这些人住在香港，都被称为香港人。香港人的身份比其他地方的身份要更复杂，他们相对于西方人来讲是中国人，但对中国大陆人来讲又好像是“外国人”。香港人说粤语和英语，但是书写使用普通话和英语。香港人身份的尴尬正如香港旗袍形象的尴尬。高开衩超短的香港式旗袍从形式上来看有传统中国旗袍的细节设计，而从穿着效果上来看，则是凸显出女性诱人的胸腰臀落差和大腿，这样的旗袍形象对于中国人是陌生的，而对于西方人则是迷恋的。

二、旗袍文化与时代

从时间上来讲，本文所述的京派、海派和港派旗袍分别隶属不同的时代，也就是说三者虽然有着紧密的传承关系，但其存在的时间段并没有重合。具体而言，京派旗袍存在于清以及民国初期，海派旗袍主要指民国时期的旗袍，而港派旗袍则是专指 20 世纪 50 到 70 年代在香港流行的旗袍。

1. 京派旗袍——封建帝王时期的旗袍

朱自清在《北平实在是意想中中国唯一的好地方》一文中曾提到，“假如上海可说是代表近代的，北平便是代表中古的。北平的一切总有一种悠然不迫的味儿”，而且“我也喜欢近代的忙，对于中古的闲却似乎更亲近些”。海派旗袍乃近代的产物，因此有着该有的时髦、花哨，潮流也是一个劲地变，唯恐大家赶不上。这股忙劲、热闹劲很海派。而对

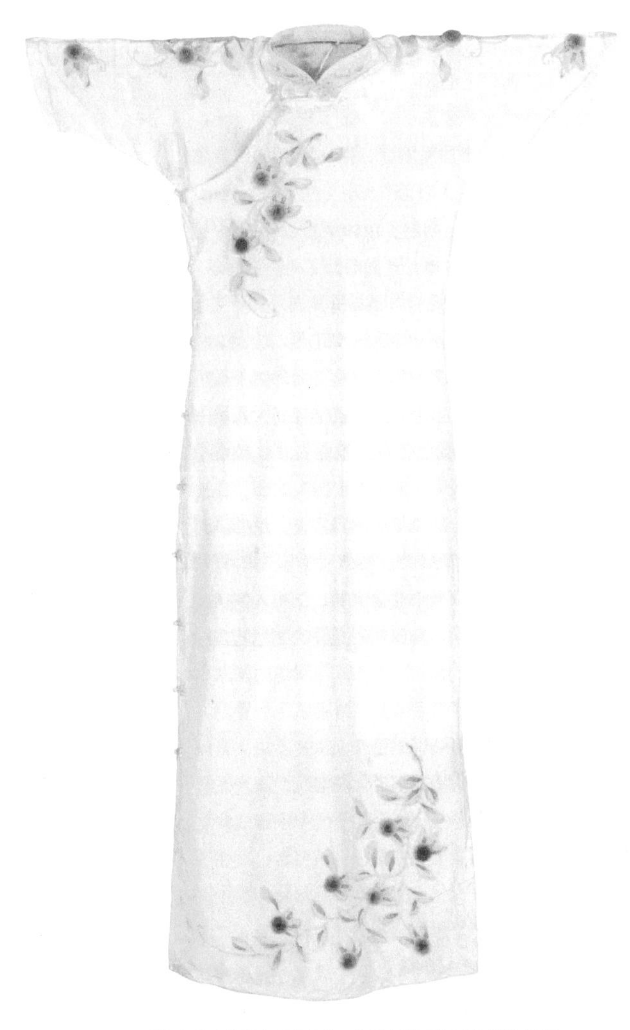

图 2　装饰有花卉的浅色及地旗袍，东华大学服装及艺术设计学院中国服饰博物馆藏。下摆及地的旗袍在 20 世纪 30 年代的中后期流行一时，也有人戏称之为“扫地旗袍”。

于北平是中古的说法，虽然有些夸张，但也贴切。京派旗装袍服流行于中国清朝的宫廷之中，流行于 17 世纪中叶到 20 世纪初期，此时的中国处于封建帝王统治时期，在强权政治统治下的京城，旗袍的穿着是统治者对本民族传统文化的坚守和宣扬，也是对外族人的震慑。因此京城中的满人将旗袍穿得厚重而华丽，宽宽大大的旗装袍上缀满了各种装饰。满是繁复边饰和精美刺绣的京派旗袍，让人一眼看到的是满满的图案，却看不到人。宽大平直的廓形将女性玲珑的曲线遮掩，这也正符合了封建社会中的伦理纲常。

2. 海派旗袍——半殖民地时期的旗袍

民国时期的上海滩是一个半殖民地的华洋杂处之地，社会中多元文化庞杂，五光十色的洋派文化被上海的文人认可。上海人在精致、细腻的传统文化气质中，引入了浪漫、热情的西洋文化，从而造就了民国时期上海独特的生活情调。人们维护着传统的同时，大胆地追求新奇：喜欢温婉的同时，不排除对热情的钟爱。这样传统与现代并行、中与西融合的文化形态之下，海派旗袍应运而生，它是传统京派袍服的改良品，也是民国新潮女性的时髦物。

海派旗袍的特点在于对传统式样与西式服装的兼收并蓄，这时的旗袍受欧美女装廓形的影响，造型纤长合体，外形上已完全脱离了满族旗袍的局限，强调女性胸、腰、臀三位一体的曲线造型，整体造型上以突出女性人体的曲线为主。腰身虽然收紧了，但旗袍仍然是全面包裹着身体的，全身上下直接露出肌肤的地方并不多见。比如 20 世纪 30 年代有着高高的衣领和下摆长达地面的旗袍，款式是更紧身了，可长度却是空前的长，几乎完全盖住脚面快要扫地了。海派旗袍虽然大胆地接受了西方服饰中展示人体美态的观念，但在展示方式上则含蓄多了。

3. 港派旗袍——殖民地时期的旗袍

20 世纪五六十年代的香港处于殖民时期。正如中国香港学者潘国灵在《城市学——香港文化笔记》中所述："将白人优越感乔装成异族恋，突出浪漫情爱，将政治权利压在潜文本（subtext）层次，在所谓诗学（poetics）与政治（politics）之间把玩，是西方殖民书写的公式。"正处于殖民地时期的香港，便有了一个将诗学（poetics）与政治（politics）结合的产物——虚构的白人画家与湾仔妓女的情爱故事，并产生了虚构的香港美女苏丝黄和她的超短、高开衩、圆下摆旗袍。这个在白人眼中充满了"异国情调"的东方美人与东方服饰，不仅叫他们领略到了东方美人和美衣的惊艳，还让他们感受到了充当救世主的优越感。因此，彼时的港派旗袍最叫外国人满意了。当然还有一个不可否

图3 1934年第99期《良友》杂志封面上，当红的电影明星阮玲玉穿着的便是一件长达脚面的扫地旗袍。

认的事实。在殖民地时期的香港，金发碧眼的白种人社会地位高，他们喜欢的东西往往带动潮流。这些穿着超短、高开衩、圆下摆旗袍的香港美女们心中亦是欢喜的，因为有着这么多的人要看，爱看。

三、旗袍文化与环境

1. 旗袍与气候

关于城市气候与人们生活的关系，林语堂先生在《大城北京》中曾有妙语："任何城市的气候都在人们生活中起重要作用。有人说希腊的生活观念，甚至希腊散文的清新风格都是辽远开阔的爱琴海和地中海明媚可人的阳光的反映。如果在寒冷的挪威，对裸体艺术的崇拜是令人不可想象的。在印度，森林中的智者获得聪明才智是由于气候如此炎热，唯一可做之事便是坐在阴凉处冥思苦想。法国温暖的气候为人们建造露天咖啡馆提供了可能性，这样的设施建于寒冷多雨的气候里是不太可能的。英国人需要用丰盛的早餐和正茶增强他们的御寒能力，去勇敢面对早晨的寒冷；为了逃避下午的大雾，也同样渴望红红的炉火和热茶。"如此精辟的言论，今天我们阅读起来，不仅有趣好玩，还颇有道理。

北京地处山地与平原的过渡地带，山地约占62%，平原约占38%。其气候为典型的暖温带半湿润大陆性季风气候，特点是冬季干燥，春季多风，夏季多雨，秋季相对温和，春、秋短促。正是在这种气候的制约下，满人袍服多以棉、麻等相对厚实的布料为主，以抵御长久的寒冬，且袍服的长度以求保暖之用，并构成了其宽阔厚实的整体风格。

上海位于太平洋西岸，是长江三角洲冲积平原的一部分，由于纬度位置适中，又濒临大海，气候温和湿润，四季分明，属北亚热带季风气候，其中春秋较短，冬夏较长，日照充分，雨量充沛。正如20世纪30年代名噪一时的作家施蛰存在著名的小说《春阳》中写的，二月下旬的上海的南京路上，便已经春阳和煦了，其中"来来往往的女人男人，都穿得那么样轻，那么样美丽，又那么样小巧玲珑的"，叫人感觉到"绒线围巾和驼绒旗袍的累赘"，因为这样的天气，穿一件"雁翎皱衬旗袍"便可以了。这样的二月下旬天气，在北方，是不太可能见到的。也正是因为气温相对暖和，海派旗袍的衣料多轻薄讲究，采用丝绸、棉布，甚至半透明的纱布和花边布料。而轻薄的面料也有利于形成旗袍合体的外形特点，裁缝采用西式的裁剪和缝纫技术，将轻薄的衣料做成了立体的旗袍，勾勒出上海女人的窈窕身姿。

香港地处华南沿岸，纬度较低，濒临海洋，属亚热带海洋季风气候，具有春夏季和暖多雨、秋季凉爽多阳、冬季清凉干燥的特点。尤其是夏季炎热且潮湿。年雨量超过2300毫米，为中国年降雨量最多的地区之一。多雨潮热中的香港女人，穿起超短旗袍来不仅美艳，

图4　清代大襟女夹袍，东华大学服装及艺术设计学院中国服饰博物馆藏。此袍服为圆领大襟，两侧开衩，衣身各处共有八个团鹤纹图案。衣袖为马蹄袖，但袖子宽大，并有多层边饰。

图5　气候温润的上海，将轻薄的衣料做成了立体的旗袍，勾勒出上海女人的窈窕身姿。

图6　20 世纪 40 年代在上海已经很红的李丽华，南迁后仍然红遍香港多年，其旗袍形象也与时俱进地性感和成熟起来，腰身比上海的紧多了，下摆则比上海的短多了。

还有着实用性。因为在多雨的气候中，若穿着曳地下摆的海派旗袍，岂不整天拖泥带水的，想美也美不起来了，其不便之处甚多。而超短的另外一个好处是凉快，炎热的南粤之地，穿着从头到脚紧裹身体的海派旗袍，岂不捂出一身的痱子。看来，香港女人将旗袍改短了下摆，还是有着实用之考量的。

2. 旗袍与居所

朱自清先生在《北平实在是意想中中国唯一的好地方》一文中，夸到北平的好，首先便是因为其之大："北平第一好在大。从宫殿到住宅的院子，到槐树柳树下的道路。一个北方朋友到南方去了回来，说他的感想是：'那样的天井我受不了！'"这里提到的院子便是北京居民的典型居住场所——四合院，这是一种一家一户的传统封闭式住宅院落，呈方形或者长方形，以正房、倒座房、东西厢房围绕中间庭院形成平面布局。其典型特点是外观规矩，中线对称。在清代，大到紫禁城、各个王府，小到普通民居，都采用了这种四合院式的结构，唯一的区别只是规模的大小而已。散落于京城的四合院，从形式上来看，更加接近于典型的乡村式住宅院落。它面积大，布局空旷，院内养鱼养鸟、种菜种花，好一派田园生活景象。清代流行俗语如此形容四合院内的场景——天棚、鱼缸、石榴树，老爷、肥狗、胖丫头。老舍先生有一篇读来可以叫人落泪的文章，名为《想北平》，其中也提到北平的大，只是对于北平之大，老舍先生是用北平人的话"空儿"来形容的——"北平的好处不在处处设备的完全，而在它处处有空儿，可以使人自由地喘气；不在有好些美丽的建筑，而在建筑的四周都有空闲的地方，使它们成为美景。每一个城楼，每一个牌楼，都可以从老远就看见。况且在街上还可以看见北山与西山呢"！建筑和环境的"空儿"，让北京人有着天然的爽快和豁达之气。因此京城中的女人们穿着宽宽大大的旗袍虽有些臃肿，但也透出一份与环境相称的从容和舒坦。

1920 年以后，上海由于人口暴增，一种新的改良式石库门建筑于上海诞生了。上海的老式石库门里弄脱胎于江南民居的住宅形式，大约出现于 1870 年左右。其一般为三开间或五开间，每层都有正房和厢房，房屋为高墙厚门的封闭式，保持了中国传统建筑以中轴线左右对称布局的特点。新式石库门则对老石库门进行了改良，大多采用单开间或双开间，缩小了居室的进深，降低了楼层和围墙的高度。这种建筑注重使用功能，不再以传统的庭院式大家庭为设计出发点，而是更加适合于都市中的单身移民和小家庭居住，同时引入西式建筑的一些特点，比如采用联排式布局，外墙细部采用西洋建筑中的装饰图案，等等。新石库门的出现是洋场风情的现代化生活之必然，也是民国时期，上海人中西合璧式日常生活的写照。有趣的是，改良的新式石库门住宅，与民国旗袍的诞生时期和诞生地点如此

图 7　民国后期上海出版的《漫画月辑》月刊上，刊载题为“同居之爱”的漫画，生动地刻画了居住在石库门中的上海女人们的麻将之爱。高矮胖瘦不一的女人们，一色地穿着旗袍，同住在局促拥挤的石库门房子里，享受着叽叽喳喳的麻将游戏。

相似，均首次出现于20世纪20年代初期的上海。如前所述，民国旗袍脱胎于奢华繁复的清代女装袍服，它一改传统袍服的宽大平直和臃肿之态，并抛弃了繁琐的装饰，使本已经打入冷宫的前朝服饰犹如脱胎换骨般美丽妖娆起来，成为最时髦的新装，并成为十里洋场中现代小姐的最爱。这“住”与“衣”的两次改良几乎同时出现绝非偶然，乃是时代与社会变迁所致。而改良了住宅的上海女人们，住的空间小了、紧了，其衣便也小了、紧了。这种紧致且精致的住宅中，似乎就该穿着这样的旗袍。

1949年以后，由于大量内地移民的涌入，香港人口一下子猛增了三倍之多，居住因此成了社会的大难题。弗兰克·韦尔什在《香港史》中，对1950年前后的香港移民住宿问题如此描述：“这个殖民地仍在艰难地重建日本占领时期遭到破坏的房屋，如此大量的人口涌入给政府带来难以承受的压力。许多新来者找不到住处，只得住在走廊、阁楼和马路上，用任何能够弄到的材料搭建其简陋的小棚。”此时的政府为这些移民提供的住处又是如何呢？“他们提供四根界桩标出范围的空地，供他们建造住所。政府逐步拨付少量资金，用于清理地基，修建储水管，铺设道路，还做了大量其他工作，但是不提供住房。”这就是当时大多数香港人的住所。直到20世纪50年代中后期，由于出现了一系列的有关住所的社会灾难，当局才开始了新的住所计划。据《香港史》一书记载，“提供的徙置屋是座七层混凝土建筑，每户可得到其中的一小套房子，人均面积不过24平方英尺，没有电梯，没有自来水，没有窗户，只有木制窗板”。即使是如此条件的住所，“人们还是拼命要挤进这种新街区，毕竟这是属于自己的合法居所，而且不会再遭祝融之灾”。如此狭小阴暗的屋子里，平均只有2平方米的个人天地，中国香港人所谓的“住”，真叫今天的人难以想象。这样小的个人空间，加上炎热而潮湿的自然气候，香港人真的是透透气都难。如此禁锢下的香港人，穿起旗袍的时候，就透出了更多的空间了，让自己的身体好好晾一晾、透一透。因此，香港旗袍较海派旗袍而言，透出了更多的气出来，将下摆狠狠地剪短了，将侧面的开衩开得更高了，身体的晾晒面积也多了。

3. 旗袍的官味与商味

“环境”一词的定义，从不单是指方位和地区，它不仅包括气候、物产、资源等为核心的自然环境，还包括人口、民族、聚落、政治、社团、经济、交通、军事、社会行为等许多成分所构成的人文环境，是一个地区人们的社会、文化和生产生活活动的地域组合。这里我们不妨再来看看北京与上海的人文环境。

学者罗兹·墨菲在《上海——现代中国的钥匙》中写道：“世界大都市的兴起，主要依靠两个因素：一个大帝国或政治单位，将其行政机构集中在一个杰出的中心地点（罗马、伦敦、北京）；一个高度整体化和专业化的经济体制，将其建立在拥有成本低、容量大的运载工具的基础上的贸易和工业制造，集中在一个显著的都市化的地点（纽约、鹿特丹、大阪）。”如此看来，北京和上海正是这两种大都市模式的典型。同样鲁迅在《花边文学：京派与海派》也提到北京与上海的所谓官味与商味——“北京是明清的帝都，上海乃各国之租界，帝都多官，租界多商，所以文人之在京者近官，没海者近商，近官者在使官得名，近商者在使商获利，而自己也赖以糊口。要而言之，不过‘京派’是官的帮闲，‘海派’则是商的帮忙而已”。此段文字，实以讥讽之口吻，议论京派与海派文人的生存之道和为人之道。然在其文字中，我们也可阅读到作为明清帝都的北京和作为外国租界的上海之不同了。

据记载，光绪三十四年（1908 年）北京共有人口 70 万，而其中 40% 的人口为不事生产的八旗子弟和士绅官员。北京城不仅官多，想做官的也多。在正红旗出身的北京人老舍的作品中，常出现的是北京人，常描写的是想当官的北京人。比如《二马》中的老马，觉得“最增光耀祖的事，就是做官”，《老张的哲学》中的主角老张本已经在政府部门担任了荣誉职务，因此时下其最关心的事，便是竞选行政委员会的主席。官或者伪官多的北京城，人们的日常生活讲究严谨，要不出错才能保官，才能做好官。因此北京的旗袍不仅宽大平直、从众保守，而且有着股傲然的官相。而从流行风潮来讲，在满是“官味儿”的京城中，强权统治之下的社会风尚相对封闭，不讲个性而注重共性，维护和服从成为服饰装扮的主导思想，因此就满人袍服的流行演变来看，其速度缓慢，清代 200 多年间女性袍服的款式总体变化并不大，此点也印证了京城旗袍的保守之官味。

而满是“商味”的上海则完全不同了。民国文人包天笑曾写道：“从武昌起义，一直到清帝让位，江南人好像随随便便，没有什么大关系，譬如叉麻雀扳一个位，吃馆子换一家店；糊糊涂涂睡了一觉，到明天起来，说道已经换了一个朝代。”真是糊糊涂涂的江南人（上海人）啊，不知道政治，不关心谁做了官。没有“官味”的上海，“商味”却是十足的。据统计记载，1932 年至 1933 年，在中国的 2435 个现代化工厂中，有近一半开设在上海。1935 年间，全国 164 家银行中的三分之一以上在上海，其中几乎所有的外国银行都选择在上海开设。因此上海的商味和钱味十足。商业经济的繁荣，使得人们的日常生活无不与商业活动和商业竞争息息相关，衣饰的气派和寒酸成为市民富裕和贫困身份的标签之一，人们对日常衣装的重视程度便可想而知了。求新、求变、求个性化的新衣着消费观念被建立了起来。而在全面旗袍的民国时期，上海女人在旗袍上下足功夫，玩出了各式花样，以求标新立异、突出个性。旗袍的花样频出，下摆一会儿长到拖地，一会儿短到了膝盖；领子一会儿高到了下巴，一会儿又短短的只有寸把高。海派旗袍频繁的流行细节更替，正是商业社会注重个性、突出个性的反映。另外，海派旗袍对女性身体的包裹与展示，也不可否认地与其“商味”有关。商业社会中对物欲的直白追求、对声色的不遮掩，在海派旗袍的款式细节中亦有所体现。

正是这种无法改变的自然和人文地理之大环境，使得北京多官，上海多商，就连北京和上海的旗袍也是一个充满严谨傲然的官相，另一个则充满诱惑和声色的商相了。

Unit-17

第十七章 旗袍与中国城市性别

美国著名城市学家路易斯·沃斯曾在《作为一种生活方式的都市生活》一文中，提出关于考察都市生活的三个视角，其表述为“作为一种生活方式的特别类型，都市生活可以从三个相互关联的视角来考察：（1）作为包括人口、技术与社会生态秩序的实体结构。（2）作为一种包含某种特殊的社会结构、一系列社会制度和一种典型的社会关系模式的社会组织系统。（3）作为一套态度和观念以及众多以典型的集体行为方式出现并受制于社会控制的特殊机制的个性。”路易斯·沃斯在这篇著名的文章中，还对以上三个角度进行解释，并分别将其定义为社会生态学视野中的都市社会、都市生活作为一种社会组织形式、都市中的个体与集体行为。与此理论对应，无论是京派旗袍、海派旗袍，还是港派旗袍，都可看作在某一都市，源于一套观念（服饰装扮观念）而形成的个体和典型集体行为（旗袍穿着）。因此我们不妨也借用这一已被公认的方法，以典型的个体和集体行为方式来考察都市生活。

一般而言，人的性别可以在不同层次中划分出六种，分别是基因性别、染色体性别、性腺性别、生殖器性别、心理性别和社会性别。因此，性别并非专指两性间普遍存在的生物学差异，同时还指具体的社会建构或表现形式。比如数种西方文字当中，将物品也划分为阴性和阳性一样，人们也喜欢用性别来描述物的典型特质。城市的性别，一直以来不仅是平民百姓茶余饭后的话题，同时也是学者们热议的话题。借用这样的概念，城市的性别，则可以被看作城市的社会建构或表现形式。无论是京派旗袍、海派旗袍还是港派旗袍，都是特定城市中的典型行为，也是城市社会状况的一种表现。

一、北京的城市性别与旗袍

生为江南人的朱自清在夸奖北平时，提到了北平的三好，分别为“北平第一好在大”“第二好在深”“第三好在闲”，因此认为“北平实在是意想中中国唯一的好地方”。而京派旗袍似乎也有这样类似的三好，京派旗袍第一是宽大，第二是厚实，第三是舒适随意。这些通常用来形容男性的词汇，很好地概括了京派旗袍的特点。不过京派旗袍外表看起来宽宽大大的，而里面还透着温暖和亲密，倒像一个成熟的女人，不矫揉造作，却暖人的心。

如此看来，京派旗袍又是中性的，因为它外表男人，内心女人。正如冰心在散文《北平之恋》中写的：“北平的风俗人情特别淳朴，没有上海、南京一带的喧闹，繁华，也没有青岛、苏杭一带的贵族化。在外表上，她是一个落落大方、彬彬有礼的君子；在内心里，她像一个娉婷少女，有着火一般的热情，但并不表现在外面。她生来和蔼诚恳，忠实俭朴。”

中国城市中北京和上海是北与南的两个典型代表，而就城市的性别而言，前者豪迈后者阴柔，因此一般而言，北京是阳性的代表城市，而上海自然是阴性的代表城市。不过，就京派旗袍的宽大与温暖并重而言，北京在大气豪迈的阳刚之中，还透着点温暖的成熟女人味，展示了北京刚中带柔的别样个性，这种多元性格，或许称之为中性城市为适。

二、上海的城市性别与旗袍

美国华人学者张英进在《都市文化史语境中的“海派”电影与文学关系》一文，提到民国上海都市文化的性别取向问题：“海派文化的非线性发展集中体现在通过‘性别操作’而取得的女体的多元功能与意味……据统计，从鸳鸯蝴蝶派、软性电影、左翼电影，到孤岛时期和战后电影，上海许多公司出品的片名与女性有关的影片总是超过该公司总数的一半以上。而且，不但海派电影‘趋重’女体，当时大量发行的各种上海电影期刊、画报等也有过之而无不及。”同时指出“在分析海派电影中以女性为主的‘家庭叙事’和典型的女性形象中”，“有着鲜明的男权倾向，一切影像以愉悦男性为目的”。这里所指的便是民国时期的上海，一个大肆宣扬美女形象的上海。或许正是这种对美丽女性的大量需求，上海才诞生了今天我们看来最典型最美丽的中国旗袍——海派旗袍，她婀娜多姿、风情万种。她一改京派旗袍的宽大，将最美的女性身体曲线大胆地展现了出来，却又在紧小之中，用柔软精美的材质将其包裹住；她虽然有着高高硬硬的立领，使女人的脖子抬得高高的，却又因为高高的开衩让女人的双腿隐约可见。这便是讲究中的做作，热情中的矫情，实在是风韵与智慧并存的成熟少妇们的聪明手段。

上海的女人味似乎是人尽皆知的，因为上海女人以“嗲”著称，是“以柔克刚”的典型代表。而文学作品中也多数将上海描绘为一个洋里洋气的少妇，她在讲究中有点做作，热情中有点矫情，品位中有点世俗。这一点似乎与海派旗袍不谋而合。上海似一个少妇，而海派旗袍其实也是风韵犹存的少妇们穿起来最美的，年轻小姑娘扁扁平平的身材怎么穿，都还是只有稚气没有韵味。

图 8　出版于 1940 年第 11 期《永安》月刊封面。图中穿着暗红色低立领旗袍的美艳妇人，手托香腮倚坐在西式沙发上，背景中的台灯为白色磨砂玻璃材质，台灯底座竟是两个相对的裸体人像。整体给人的感觉是西方人的客厅里，偶坐了一位东方的美妇人。

三、中国香港的城市性别与旗袍

可以用一个很简单的推理来说出中国香港的性别。即，若上海是阴性的，中国香港自然也是阴性的，因为中国香港多年以来是上海的“她者”。从“海派”文化继承下来的那种上海的女性化，使得香港城市有着一种“阴性”的特质。中国香港旗袍也是海派旗袍的延续。中国香港不仅是 1949 年以后海派旗袍的避风之地，也是海派旗袍的再生之地。

不过作为上海“她者”的中国香港与上海还是有着不同之处。学者李欧梵在《上海摩登》中的最后一章以“双城记”为题，阐述上海与中国香港这两个城市互为“她者”的问题。文中提道:“这两个城市之间的区别难道仅有西方殖民化程度的差别而没有本质上的差异？”而回答是，中国香港没有上海的“涵养”。因为“中国香港在模仿西方时，终究是太喧哗太粗俗太夸张了，造就的也就是止于文化上的哗众取宠”。中国香港与上海终究是不同的，英国巴特・穆尔 – 吉尔伯特在《后殖民理论——语境实践政治》中认为，在“东方主义”的话语中，东方被典型地制作为“沉默、淫荡、女性化、暴虐、易怒和落后的形象”，而西方则相反地呈现出“男性化、民主、有理性、讲道德、有活力并思想开通的形象”。这样典型的东方化形象，似乎让中国香港的阴性更加明显。早在 20 世纪 40 年代，张爱玲便在作品中将中国香港隐喻为极力讨好西方殖民者的交际花。而完成于近年的香港女作家施叔青的《香港三部曲》分别以《她名叫蝴蝶》《遍山洋紫荆》《寂寞云园》为题，以妓女黄得云的一生来写中国香港百年殖民史的沧桑。这是一部蕴含着丰富寓意的历史小说，有百余年殖民之身的中国香港，在小说中被寓以“妓女”之形象。学者潘国灵在《城市学——香港文化笔记》中也写道：“每个城市都有其形象，中国香港这个蕞尔小岛也不例外。东方之珠、购物天堂、帆船、渔村、避风塘、难民营……夹着这些文化形象与记忆，我们认识并且想象这个城市。”其实，我们对每一个城市的认识和想象都是夹着与之相关的形象与记忆而生的。只是香港这个城市的形象有些许不同。因为“有一个形象，百年以来一直纠缠香港，现实社会的隐匿与文化创作上的曝光恰成对比，而正如香港身世几经转化，这个形象的意义也从来不是单面的，它就是：妓女，众数的”。而作为中国香港旗袍典型代表的中国香港旗袍形象，也是由一位虚构的妓女所穿。身材凹凸有致的苏丝黄，穿着紧身超短的旗袍，穿梭于中国香港避风塘海员酒吧的外国面孔之中，流连于维多利亚湾上航行的天星渡轮上。作为 20 世纪五六十年代中国香港城市文化代表之一的苏丝黄与苏丝黄旗袍，似乎也道出了中国香港城市的性别。

图 9　苏丝黄的超短旗袍，紧裹着的袍服下是丰满的胸和圆浑的臀，高高的开衩下面则是结实诱人的腿，弥漫着一股风尘味道。

参考文献

1.《辞海》[M]（第五版），上海：上海辞书出版社，1999年12月

2.《中国旗袍》[M]，包铭新等，上海：上海文化出版社 1998年12月

3.《近代中国女装实录》[M]，包铭新，上海：东华大学出版社，2004年12月

4.《正代中国童装实录》[M]，包铭新，上海：东华大学出版，2006年12月

5.《中国旗袍》[M]，袁杰英，北京：中国纺织出版社，2000年1月

6《清代满族服饰》[M]. 王云英，沈阳：辽宁民族出版社，1985年12月

7《图说清代女子服饰》[M]. 读图时代，北京：中国轻工业出版社，2007年4月

8.《民国万象丛书——民国时尚》[M]，时影，北京：团结出版社，2005年1月

9.《历代妇女袍服考实》[M]，王宇清，台北：中国旗袍研究会，1975年3月

10.《传统工艺与现代设计》[M]，郑嵘、张浩，北京：中国纺织出版社，2000年10月

11.《官女谈往录（上、下）》（故宫文丛）[M]，金易、沈义羚，北京：紫禁城出版社，2004年10月

12.《我和慈禧太后》[M]，德玲著，富强译，北京：九州出版社，2007年10月

13.《北平怀旧》（齐如山作品系列）[M]，齐如山，沈阳：辽宁教育出版社，2006年11月

14.《中国风俗丛谈》（齐如山作品系列）[M]，齐如山，沈阳：辽宁教育出版社，2006年11月

15.《晚清七十年》[M]，唐德刚，长沙：岳麓书社，1999年9月

16.《中华文化》[M]，曹顺庆，上海：复旦大学出版社，2006年9月

17.《老舍作品精选》[M]，舒乙，北京：中国广播电视出版社，1996年5月

18.《清代女性服饰文化研究》[M]，孙彦贞，上海：上海 古籍出版社，2008年6月

19.《大城北京》[M]，林语堂，西安：陕西师范大学出版社，2008年7月

20.《上海摩登（一种新都市文化在中国 1930-1945）》[M]，李欧梵著，毛尖译，上海：上海古籍书店，2008年6月

21.《近代中国城市与大众文化》[M]，姜进，李德英，北京：新星出版社，2008年10月

22.《上海文化通史》[M]，陈伯海，上海：上海文艺出版社，2001年12月

23.《中国红帮裁缝发展史（上海卷）》[M]，陈万丰，上海：东华大学出版社，2007年4月

24.《永安文丛一嚼蕊吹香录》[M]，桂国强，余之，上海：文汇出版社，2009年8月
25.《城市季风：北京和上海的文化精神（修订本）》[M]，杨东平，北京：新星出版社，206年1月
26.《山河岁月》[M]，胡兰成，南宁：广西人民出版社，2006年1月
27.《旧闻新知张爱玲》[M]，肖进，上海：华东师范大学出版社，2009年6月
28.《华夏美学》[M]，李泽厚，天津：天津社会科学院出版社，2002年10月
29.《美学四讲》[M]，李泽厚，天津：天津社会科学院出版社，2002年10月
30.《美学》四卷[M]，黑格尔著，朱光潜译，北京：商务印书馆，2008年4月
31.《香港服装史》[M]，吴昊，香港：香港时装节，1992年3月
32.《都市漫游者文化观察》[M]，李欧梵，桂林：广西师范大学出版社，2003年7月
33.《中国现代文学与电影中的城市：空间、时间与性别构形》[M]，张英进著，秦立彦译，南京：江苏人们出版社，2007年4年
34.《香港史》[M]，[英]韦尔什著，王皖强，黄亚红译，北京：中央编译出版社2007年5月
35.《寻回香港文化一时代思想与艺术丛书》[M]，李欧梵，桂林：广西师范大学出版社，2003年7月
36.《等待香港：永远的香港人》[M]，林奕华，杭州：浙江大学出版社，2009年5月
37.《城市文化/刘易斯.芒福德经典著作系列》[M]，[美]芒福德著，宋俊岭等译，北京：中国建筑工业出版社，2009年8月
38.《阅读城市：作为一种生活方式的都市生活》[M]，孙逊，杨剑龙，上海：上海三联书店，2007年3月
39.《城市学：香港文化笔记》[M]，潘国灵，上海：上海人们出版社，2008年10月
40.《读城记》[M]，易中天，上海：上海文艺出版社，1999年12月
41.《闲话中国人》[M]，易中天，上海：上海文艺出版社，1999年12月
42.《上海一一现代中国的钥匙》[M]，罗兹.墨菲，上海：上海人民出版社，1986年7月
43.《清稗类钞服饰》[M]，徐珂，北京：中华书局，1986年3月
44.《淮南子》[M]，刘安著，高诱注，石家庄：河北人民出版社，2006年12月
45.《回忆醇亲王府的生活》，《晚清宫廷生活见闻》[M]，溥杰，北京：文史资料出版社，1982年
46.《上海春秋》[M]，曹聚仁，上海：上海人民出版社，1996年
47.《文化模式》[M]，露丝.本尼迪克特著，王炜等译，北京：社会科学文献出版社，2009年2月

48.China Chic，Vivienne Tam，New York：Collins Design，2006
49.Beaton in Vogue，Josephine Ross，London：Thames and Hudson，1986
50.Changing Clothes in China，Antonia Finnane，New York：Columbia University Press，2008
51.《艺术哲学》[M]，[法]丹纳，傅雷译，桂林：广西师范大学出版社，2000年4月
52《消费社会》M.[法]让·鲍得里亚，刘成富等译，南京：南京大学出版社，2008年10月
53.《消费文化与后现代主义》[M]，[英]迈克·费瑟斯通，刘精明译，南京：译林出版社，2004年5月
54.《文明的冲突与世界秩序的重建》[M]，[美]塞缪尔·亨廷顿，周琪等译，北京：新华出版社，2003年1月
55.《后殖民理论——语境实践政治》[M]，[英]巴特·穆尔吉尔伯特，陈冲丹译，南京：南京大学出版社，2007年6月
56.《中国意识与台湾意识》[M]，黄国昌，台湾：五南图书出版社，1995年7月
57.《20世纪世界时装绘画图典》[M]，[英]凯利·布莱克曼，方茜译，上海：上海人民美术出版社，2008年4月
58.《百年内衣》[M]，凯伦·W·布莱斯勒著，秦寄岗等译，北京：中国纺织出版社，2000年
59.《春明外史》[M]，张恨水，北京：中国新闻出版社，1985年1月
60.《金粉世家》[M]，张恨水，南京：江苏文艺出版社，2002年10月
61.《三生影像》[M]，聂华苓，北京：三联书店，2008年6月
62.《合肥四姐妹》[M]，金平安著，凌云岚等译，北京：三联书店，2003年9月
63.《子夜》[M]，茅盾，北京：人民文学出版社，1978年10月
64.《鲁迅全集》第四卷[M]，鲁迅，北京：人民文学出版社，1981年7月
65.《愫细怨》[M]，施叔青，广州：花城出版社，2005年3月
66.《上海的女儿》[M]，周采芹，南宁：广西人民出版社，2002年4月
67.《美丽大厦》[M]，西西，台北：洪范书店，1990年4月
68.《张爱玲全集》[M]，张爱玲，北京：北京十月文艺出版社，2009年3月
69.The World of Suzie Wong，Richard Mason，London：World Pub.Co，1957
70.《地的门》[M]，昆南，香港：青文书屋，2001年2月
71.《雨季不再来》[M]，三毛，北京：北京十月文艺出版社，2007年7月
72.《小团圆》[M]，张爱玲，北京：北京十月文艺出版社，2009年4月

73.《亦舒作品集》[M]，亦舒，北京：中国戏剧出版社，2003 年 4 月
74.《白先勇文集 2——台北人》[M]，白先勇，广州：花城出版社，2000 年 4 月
75.《长恨歌》[M]，王安忆，海口：南海出版社，2003 年 8 月
76.《上海街情话》[M]，程乃珊，上海：学林出版社，2007 年 12 月
77.《中国现代名作家名著珍藏本——施蛰存心理小说集》[M]，吴立昌，上海：上海文艺出版社，1991 年 6 月
78. 清代服饰艺术 [J]，陈娟娟，《故宫博物院院刊》，1994 年第 2、3、4 期，总 64、65、66 期
79. 早期满族妇女的服装 [J]，王芳，《中国历史博物馆馆刊》，1997 年总 28 期
80.20 世纪上半叶的海派旗袍 [J]，包铭新，《装饰》，2000 年第 5 期
81. 论旗袍的流行起源 [J]，卞向阳，《装饰》，2003 年 第 12 期
82. 清代妇女发式 [J]，杨永富，《时装与纺织品》，1993 年第 4 期
83. 清代的服饰颜色与纹饰 [J]，何志华，《时装与纺织品》，1993 年第 1 期
84. 清代民间妇女服饰浅谈 [J]，任丽娜，《饰》，1999 年第 1 期
85. 民初京城旗袍流变小考 [J]，郭慧娟，《饰》，1999 年第 1 期
86. 清末民初女性妆饰的变迁 [J]，罗苏文，《史林》，1996 年第 3 期
87. 从女性意识角度看旗袍的兴衰 [J]，唐勇，《华南师范大学学报（社会科学版）》，2007 年第 2 期
88. 旗袍的变革及其所体现的东方美学特征 [J]，陈东生、尉晓娟、周丽艳，《宁波服装职业技术学院学报》，2004 年第 4 期
89. 近代上海服饰变迁与观念进步 [J]，石磊，《档案与史学》，2003 年第 3 期
90. 近代中国女子服饰的变迁 [J]，吕美颐，《史学月刊》，1994 年第 6 期
91. 民初女子服饰改革述论 [J]，金炳亮，《史学月刊》，1994 年第 6 期
92 民国西化运动的女性服饰风尚 [J]，蒋雪静，《装饰》，1998 年第 6 期
93. 满族服饰与皇权 [J]，常晓辉，《满族研究》，1994 年第 3 期
94. 清初的剃发与易衣冠——兼论民族关系史研究内容 [J]，冯尔康，《史学集刊》，1985 年第 2 期
95. 满族旗袍的由来 [J]，关云德，《满族文学》，2008 年第 6 期
96. 审美人类学视野下的满族旗袍文化 [J]，徐明君等，《清明》，2007 年第 6 期
97. 论白先勇小说中的女性叙事 [J]，张建航，《安阳师范学院学报》，2007 年第 1 期
98. 飘零女子的哀歌一谈《台北人》和《纽约客》之女性形象 [J]，王丽华，《北华大学学报（社

会科学版）》，1987 年第 1 期
99. 穿行于女性生存困境之中——论张爱玲小说的鞋意象 [J]，庄超颖，《福建论坛（人文社会科学版）》，2009 年第 7 期
100. 生存困境中的人性异化——张爱玲笔下的女性形象分析 [J]，樊青美等，《内蒙古师范大学学报（哲学社会科学版）》，2006 年第 1 期
101. 清末民初北京服饰的变化研究 [A]，谢金伶，《北京历史文化研究——北京史专题研究》，2007 年
102. 百年中国女装 [J]. 李莉娟，《人民画报》.2000 第 1 期
103. 寻觅上海：后殖民时代的神话 [J]. 张颐武，《电影新作》，1995 年第 5 期
104. 旗袍的文化意蕴与审美特征 [D]，腾腾，山东大学，2005 年
105. 微风玉露倾，挪步暗生香——追述民国年间旗袍的发展 [D] 陈婷，四川大学，2005 年
106. 旗袍与“三寸金莲”[D]，关红，中央美术学院，2006 年
107. 旗袍审美文化内涵的解读 [D]，汤新星，武汉大学，2005 年
108. 近代中国城市女子服饰变迁述论 [D]，屈宏，吉林大学，2004 年
109. 民国时期服饰简论 [D]，王雪，吉林大学，2008 年
110. 民国时期审美观与上海女性美容妆饰（1927–1937）[D]，鞠萍，华中师范大学，2008 年
111.20 世纪 50 年代以来中国服饰变迁研究 [D]，秦方，西北大学，2004 年
112. 民国时期上海女装西化现象研究 [D]，万芳，东华大学，2005 年
113. 月份牌女性服饰研究 [D]，杜瑞雪，苏州大学，2008 年
114. 近代上海小报与市民文化研究（1897–1937）[D]，洪煜，上海师范大学，2006 年
115.《紫罗兰》（1925–1930）的“时尚叙事”[D]，博玫，复旦大学，2004 年
116.20 世纪北京、上海比较研究 [D]，邱国盛，四川大学，2003 年
117. 香港导演眼中的影像上海 [D]，章靖，上海戏剧学院，2006 年
118. 香港电影与“老上海”形象意识 [D]，周捷，华东师范大学，2007 年
119. 当代香港电影中的老上海意识 [D]，张朴，西南师范大学，2005 年
120. 清代宫廷服饰研究 [D]，宋晓燕，山东大学，2008 年
121. 满族传统服饰初探 [D]，关皓，中央民族大学，2005 年
122. 观：中国传统的审美方式 [D]，吴海伦，武汉大学，2005 年
123.《良友》1928 年第 30 期、1930 年第 50 期、1931 年第 55 期、1932 年第 72 期、1928 年第 25 期、1927 年第 13 期、1926 年第 2 期、1930 年第 52 期、1941 年第 165 期、1940 年第 161 期、1940 年第 154 期、1930 年第 43 期、1927 年第 22 期、1931 年第 63 期、

1934 年第 92 期

124.《申报》1927 年 3 月 31 日、1943 年 1 日 16 日、1912 年 1 月 6 日

125.《北洋画报》1932 年第 810 期、1933 年第 951 期、1936 年第 1418 期、1933 年第 933 期、1926 年第 40 期、1932 年第 820 期

126.《永安》月刊第 11 期、第 18 期、第 34 期、第 81 期

127.《妇女杂志》1921 年第七卷第九号

128.《药风报》1919 年 9 月 1 日

129.《玲珑》第 100 期

130.《晶报》1929 年 5 月 9 日、1940 年 1 月 8 日

131.《上海小报》1926 年 10 月 4 日

132.《东方杂志》1935 年第 31 卷第 19 号

133.《妇人画报》1934 年 6、7 月

134.《社会日报》1934 年 1 月 21 日、1934 年 11 月 6 日

135.《益世报》1937 年 7 月 13 日

136.《新生报》1926 年 11 月 14 日

137.《周末报》1958 年第 43 期、1959 年第 44 期

138.《新闻日报》1950 年 9 月 14 日

139.《VOGUE》（中文版）2008 年 5 月号

140.《时装》1988 年第 2 期、1985 年第 3 期、1999 年 4 期、

141.《现代服装》1981 年第 1 期、1987 年第 5 期、1992 年第 2 期、1991 年第 3 期、1984 年第 11 期

初版后记

《中国旗袍文化史》，最初只是脑中偶尔闪过的一个念头。而从一个模糊的念头到最后白纸黑字的一本不算薄的书，我经历了一个漫长而辛苦的过程。两年半的时间，在一个以“速度”为荣的时代，实在是不算快。不过即便如此，仍然留下了许多的遗憾。作为一名“70 后”，旗袍最初的年代、最红火的年代，在我都是无法感同身受的过往，而今日之旗袍不仅早已退出日常着装的舞台，而且常因“改良”而变了模样。好在今天还有文字、图片以及可看的实物。在资料的收集整理上，困难最大的则是中国港台旗袍部分。虽然我在中国香港有过一年多的学习和生活经历，但那毕竟是物是人非的近 40 年以后。而中国台湾，则至今还是海对岸我未曾见识的“宝岛”。总之，这是一本很用心做的书，但用心并不代表完美，种种不足之处还待未来一步步更用心地去完善。

还想说的是，这也是一个充满感激和感谢的撰书过程。因为它不仅仅是一个人的脑力所产，更是一群人智慧的汇集。要感谢的人很多，在这里不免要落落俗套了。

首先要感谢上海人民美术出版社的李新社长，是他让一个最初的念头逐步变得完整而完善，进而有幸成为上海文化发展基金会的出版项目。当然，还要感谢上海文化发展基金会的“慧眼识珠”。因为无论如何，在做学问上，我都还是新人，这样的肯定不啻为最大的动力。

感谢东华大学服饰史学专家包铭新教授对本书的大力支持和指导，更让我的专业见识有了进一步的深入和拓展。漫长的撰写过程，也因为这些不断新得的知识和见解，而变得有趣味。

感谢撰稿期间家人的支持和鼓励，谢谢他们屡屡被迫成为所谓的第一读者。我知道，这样的阅读实在不能算是享受，而是一种脑力上的折磨。

最后想说，谢谢大家！谢谢自己！

刘瑜

二〇一〇年初夏于上海